Guido Pagliarino

Creazione ed Evoluzione

Saggio

Guido Pagliarino
Creazione ed Evoluzione
Un confronto fra evoluzionismo teista, darwinismo casualista e
creazionismo
Saggio

INDICE

È mia opinione che non sia possibile, a causa della personale visione ontologica del mondo, a qualsiasi uditore o lettore ovvero autore di conferenze o saggi sull'argomento *persona,* sia egli credente, agnostico o ateo, essere del tutto obiettivo nonostante l'opposta intenzione. C'è chi afferma di sé il contrario. Può darsi, ma nel discorrere dell'essere umano non mi è mai successo d'avvertire piena oggettività nell'interlocutore; e naturalmente, nemmeno in me stesso.

Una cosa è sicura, che sui terreni del creazionismo, dell'evoluzionismo credente – su cui dichiaro fin d'ora di situarmi – e di quello agnosticoateo – darwinismo in senso proprio – fioriscono pregiudizi e imprecisioni. Ad esempio, si sentono pronunciare i termini "evoluzionismo" e "darwinismo" come se fossero sinonimi mentre le teorie evoluzioniste sono molteplici; ne presenterò nel secondo capitolo un veloce proimemoria storico. Prima richiamerò tuttavia quell'atto di pura fede esistenziale che tutti, atei compresi, compiono nella vita, e accennerò alla collocazione delle varie correnti religiose rispetto alla teoria dell'evoluzione: mi dilungherò un poco sulla situazione nell'Islam, perché la ritengo la meno nota, ma con l'invito a passare oltre se l'argomento non interessasse. Tratterò quindi del significato del termine caso e richiamerò in un capitoletto le accuse più comuni rivolte a Dio dagli atei ieri come oggi. Rammenterò nel quarto capitolo che a base della ricerca scientifica c'è sempre una posizione filosofica e a volte anche teologica o, addirittura, visceralmente ideologica. Andrò poi al creazionismo e alle sue argomentazioni che, al di fuori di certi circoli fondamentalisti, non consistono in richiami biblici, ma in considerazioni scientifiche. Tornerò all'evoluzionismo e in particolare alla teoria degli equilibri punteggiati, combattuta a quanto pare dai creazionisti e vista invece con simpatia da evoluzionisti credenti e no. Presenterò poi il sentire sull'evoluzione di alcuni degli ultimi Papi a far capo dalla metà del XX secolo, richiamando successivamente l'antropologia dei due più noti teologi evoluzionisti cristiani del XX secolo; e chiuderò con l'entusiasmante prospettiva, secondo i credenti, della divinizzazione dell'uomo: non in quanto specie Homo sapiens sapiens come vorrebbe certa teologia, ma come singolo essere umano grazie a quella che si può dire, per similitudine, *l'evoluzione del cuore*.

GUIDO PAGLIARINO

Capitolo 1

Alla base di tutto c'è un atto di fede

Mondo reale e solipsismo

Alla base di tutte le umane opzioni c'è la scelta fra il considerarsi parte d'un mondo oggettivo e conoscibile grazie all'esperienza e alla ragione, oppure il ritenersi il mondo stesso o, quanto meno, un mondo del tutto separato e non comunicante con possibili altri, secondo la filosofia solipsista per la quale esisterebbe oggettivamente solo il proprio io, la propria coscienza, da cui tutto deriverebbe in una sorta di proiezione, nella più assoluta solitudine, analogamente a quanto accade nei sogni notturni. La scelta, per la grandissima norma degli esseri umani e per tutti gli scienziati, è quella per l'esistenza d'un mondo reale in cui si vive e che si può indagare, ed essa nella gran maggioranza dei casi è istintiva. Non è tuttavia possibile dare dimostrazione della verità del realismo e della falsità del solipsismo o, al contrario, della falsità del primo e della verità del secondo per il quale tanto l'illusoria realtà quanto gli apparenti sogni sono una mera creazione dell'ego. Dunque tutti, anche coloro che condannano le fedi religiose perché non suscettibili d'esperimento, fanno una scelta iniziale di mera fede, su cui si basa tutto il resto: compresa la teoria scientifica evoluzionista teista o atea. Mi pare che questo basti a rendere insignificante e persino un po' ridicolo l'accanimento con cui certuni deridono la fede trascendente.

Mondo reale e fedi religiose

Chi oltre alla fede nell'esistenza d'un mondo reale accolga una fede religiosa si trova, dopo la nascita della congettura evoluzionista (si veda il capitolo seguente), a dover scegliere fra il porsi di fronte all'universo secondo un'ottica creazionista oppure evoluzionista. Le posizioni sono diverse non solo a seconda della religione abbracciata ma, in ciascuna, della corrente in cui il fedele si colloca, come ad esempio le varie assemblee dei cristiani protestanti e le correnti progressista e tradizionalista dei cristiani cattolici.

Per la Chiesa cattolica però, col suo miliardo di fedeli sul totale di 2 miliardi e 100 milioni circa di cristiani sulla Terra, la situazione è caratteristica, essendo essa organizzata gerarchicamente onde le pronunce del Magistero di Roma s'indirizzano a tutti i cattolici.

Ambienti cristiani protestanti

Per quanto riguarda gli ambienti cristiani, è anzitutto in assemblee protestanti che si ritrovano la difesa più appassionata del creazionismo e la negazione ferma delle mutazioni biologiche, mentre solo una minoranza di cattolici è creazionista. Nel complesso, il 40% circa della popolazione cristiana degli Stati Uniti d'America legge in modo integralista il racconto genesiaco della creazione di Adamo dal fango argilloso. Gli antievoluzionisti americani sono potenti, appoggiati direttamente da politici e dall'Institute for

Creation Research che gode di forti sostegni; così, ad esempio, certe biblioteche pubbliche di quel Paese non accolgono libri evoluzionisti, mentre diversi genitori fondamentalisti tolgono i figli dalle scuole in cui s'insegna la teoria dell'evoluzione nelle ore di biologia. Nondimeno il creazionismo ha forza anche in Europa, per esempio nel Regno Unito scuole confessionali protestanti hanno espunto dai loro programmi l'evoluzionismo. Questo è considerato al contrario un degno oggetto di studi dalla maggioranza dei fedeli cattolici europei.

Ambienti cristiani cattolici

Fin dall'Anno Santo 1950 l'ipotesi evoluzionista, purché non meccanicistica atea, è stata ritenuta lecita dal Magistero della Chiesa, con l'enciclica Humani generis di Papa Pio XII. La congettura evoluzionista era stata poi non solo giudicata compatibile con la fede cristiana cattolica ma, anzi, considerata con molto interesse dal Papa Giovanni Paolo II, che l'aveva valutata non più una semplice ipotesi a lato di quella creazionista, come era stato per il Pontefice Pio XII, ma una teoria ben corroborata da prove; e anche il suo successore Benedetto XVI aveva mostrato positiva attenzione per l'evoluzionismo, come aveva espresso in una sua omelia diffusa internazionalmente durante una visita in Germania e come, d'altronde, già risultava da un suo scritto, sul teologo evoluzionista padre Pierre Teilhard de Chardin, steso quando il Pontefice, ora Papa emerito, era ancor solo il professor don Ratzinger. Esaminerò tali posizioni più a fondo nel capitolo 8, *Pareri di alcuni fra gli ultimi Papi.*

Ambienti cristiani ortodossi

Nelle assemblee ortodosse non troviamo prese di posizione ufficiali sull'evoluzionismo, solo l'affermazione generica che la scienza genuina non deve esulare dal proprio campo entrando in quello della fede e che chiunque usi la ricerca per negare le verità cristiane si pone non soltanto contro la fede, ma contro la verità tutta intera: mi pare di fatto una critica a certi sfegatati darwinisti anticlericali.

Ambienti ebraici

Fra le religioni dette "del Libro", anche la prima in ordine di tempo, l'ebraica, in cui non c'è un'autorità religiosa centrale dopo la distruzione del Tempio nell'anno 70 e la fine del cosiddetto Giudaismo [1], non manifesta prese di posizione ufficiali sull'evoluzionismo, al più si tratta di opinioni personali di singoli rabbini e, in generale, di studiosi della Bibbia. Peraltro è incancellabile nel popolo ebraico, nel ricordo della Shoah, il fatto che questa aveva annoverato fra le proprie basi non solo il sadismo psicotico e altri scompensi mentali superomistici di Hitler e dei suoi scherani, ma il cosiddetto darwinismo sociale che pretendeva di applicare

---

[1] In merito ai secoli detti del Giudaismo, cfr. il mio saggio divulgativo "Il Dio col grembiule, la progressiva Rivelazione di DioAmore dall'Antico al Nuovo Testamento", Pozzuoli -Napoli 2008 (fuori catalogo) oppure si vada al successivo mio saggio in ebook IL VENTO DELL'AMORE: Un approccio storico alla progressiva Rivelaziona e di DioAmore nel Primo Testamento (scaricabile gratuitamente da molte librerie web).

non solo a bestiame e piante, ma agli esseri umani l'eugenetica: il darwinismo sociale già dapprima del dittatore era stato accolto largamente in ambienti intellettuali, e non solo in Germania ma nell'intero Occidente, anche da figure non sospettabili di antisemitismo come l'antropologo italiano d'origine ebraica Cesare Lombroso; nel nazismo tuttavia, com'è terribilmente noto, il darwinismo sociale s'era spinto alle famigerate iniziative d'annientamento della comunità giudaica e di altri popoli che il macellatore e la sua accolita consideravano, al di fuori della vera scienza e per mere ragioni ideologiche, congenitamente inferiori.

Ambienti islamici

Quanto alla terza religione del Libro, l'Islam, in Occidente molti pensano impulsivamente a un monolitico Islam creazionista, ma le posizioni dei musulmani non sono affatto univoche. La comunità dei credenti (umma), che secondo recenti stime riunirebbe ormai un miliardo e mezzo di fedeli, ha sì credo comune nel messaggio del Corano dietro al profeta Maometto, ma costituisce un firmamento di correnti spirituali, di cui le tre principali sono quelle dei sunniti, degli sciiti e dei kharigiti, e pure di molte sottocorrenti; infatti gli islamici sono sparsi in tutto il mondo e di molte etnie e tradizioni storiche differenti; quindi anche le posizioni sull'evoluzionismo possono essere positive o negative, in certi casi indifferenti, a seconda delle comunità da cui sorgono e del livello culturale del singolo fedele.

Vediamo tali posizioni – chi non ne sia sufficientemente interessato può andare al paragrafo seguente –:

Una percentuale non piccolissima di membri della umma accetta la teoria evoluzionista. Non essendoci gerarchia religiosa e mancando un qualsiasi coordinamento da parte di un'autorità centrale [2], le posizioni su creazionismo ed evoluzionismo, questo soltanto credente, dipendono come ho accennato dalla situazione socioculturale della singola persona e dal Paese in cui vive. Secondo uno studio realizzato nel 1991 in 34 Stati in parte islamici [3], risulta che solo l'8% degli egiziani, il 14% dei pakistani e il 25% dei turchi, essendo questo lo Stato musulmano più occidentalizzato, sono convinti che l'evoluzionismo sia un'idea fondata, mentre nel Kazakistan, Paese già sovietico che aveva ottenuto l'indipendenza dall'URSS solo il 25 ottobre del 1990, nonché già ateo per imposizione del passato Governo comunista, ben il 72% degli abitanti è evoluzionista. Questo può suggerire che l'Islam resti nel complesso più aperto al creazionismo che alle congetture evoluzioniste, nonostante il fatto che il Corano – come d'altronde la Bibbia – non sia in contraddizione con l'evoluzionismo credente; ma forse pesa anche il fatto che pure in quei Paesi, come in Occidente, molti identificano *tout court*, sbagliando, l'evoluzionismo col darwinismo casualista e ateo (v. il capitolo seguente). I capi religiosi islamici sanno che buona parte dei versetti coranici è allegorica: essi sono scritti in un linguaggio favoloso affinché pure i semplici intendano la sostanza del messaggio, un po' come la cultura ebraica antica usava la struttura del midràsh, cioè del raccontino simbolico, e lo stesso Gesù s'esprimeva in parabole. Ad esempio, i maestri religiosi maomettani non prendono alla lettera il racconto della creazione di Adamo e di Eva, "In verità noi li creammo di argilla impastata" (sura

---

[2] Si veda, di Gabriele Mandel, "il Corano senza Segreti", Milano, 1991.

[3] Salman Hameed, articolo "Science and religion. Bracing for Islamic Creationism", nella rivista statunitense "Science" del 12/12/2008.

37, 11), né l'allegoria del Paradiso, tanto dell'Eden terrestre quanto del perenne Giardino (che in sostanza è lo stesso Allah) successivo alla morte con le sue metaforiche godurie materiali, onde il fedele "avrà riposo, profumi e un Giardino di delizie" (sura 56, 89)", e allo stesso modo è inteso dalle guide religiose islamiche l'inferno, col suo fuoco e le sue torture figurate in cui, stando invece alla lettera, il traviato "sarà nell'acqua bollente, e precipitato nella fornace" (sura 56, 9394), un versetto questo forse influenzato dall'altrettanto simbolica fornace, o *stagno di fuoco*, della cristiana Apocalisse, così come peraltro molte delle sure hanno avuto presenti testi biblici oppure, e notevolmente, apocrifo-cristiani.

Del simbolo quale collegamento fra Dio e l'uomo avevo scritto a suo tempo in un altro saggio[4]. Ne fornisco qui per inciso un sunto perché potrebbe essere utile a meglio recepire quanto ho accennato a proposito dei versetti allegorici nel Corano e, forse, pure giovare al confronto che farò, più avanti, fra evoluzionismo teista e creazionismo:

Premetto che per il credo cristiano la risurrezione di Gesù Cristo è da intendere non metaforicamente ma alla lettera, pena altrimenti il venir meno dello stesso Cristianesimo che proprio sulla Risurrezione per antonomasia si fonda, mentre tutto il resto è accessorio, anche quando sia molto importante come, sicuramente, l'insegnamento morale di Gesù con la parola e con l'esempio e come le profezie veterotestamentarie sul Messia.

A parte che nel caso della risurrezione reale e non simbolica di Gesù Cristo, molti passi biblici parlano utilmente dell'ineffabile Dio tramite la simbologia, usando

---

[4] "Il Dio col grembiule, la progressiva Rivelazione di DioAmore dall'Antico al Nuovo Testamento", 2007, Pozzuoli (Na).

analogie e metafore comprensibili, perché parallelismi e racconti allegorici hanno facile presa sulla nostra psicologia che è portata al simbolismo. Si noti peraltro che le figure metaforiche e analogiche bibliche – e pure quelle coraniche – sono da intendere tenendo conto dell'etimo della parola e non già del significato corrente: come recitano i dizionari etimologici, il termine simbolo deriva dal verbo greco synϸállein cioè il mettere assieme: *simbolo dal latino symbolum 'contrassegno', che è dal greco símbolon, della famiglia di symbállô 'metto insieme' ϸda syn-'con' e bállô 'getto'* – cfr. di Giacomo Devoto, Avviamento alla etimologia italiana – Dizionario etimologico, Firenze, 1968 –. Tale significato si riferisce all'uso nella Grecia antica di spezzare irregolarmente un oggetto in due, in modo che il possessore d'una delle due parti, detta appunto simbolo, potesse poi farsi riconoscere all'occorrenza facendo combaciare il suo pezzo con l'altro in mano altrui. Se la realtà divina non è oggettivamente comprensibile dalla nostra mente perché è eterna e infinita e noi non sappiamo abbracciare l'immensità e solo un po', con difficoltà, arriviamo a capire qualcosa dell'eternità tante volte confondendo l'Essere immutabile con un tempo che sì non ha termine, ma che ha un inizio; il congiungere tuttavia, come sovente nella Bibbia, il significante simbolico e il concetto divino che ne è significato, riguardante una vera e propria Realtà pur se in sé stessa non abbracciabile, concede, per il modo in cui è strutturata la nostra psicologia, di capire di Dio quanto è sufficiente per poterne accogliere la Rivelazione.

La situazione nella umma in merito all'evoluzionismo non è molto distante da quella nella Chiesa, in cui pure ci sono cattolici creazionisti e cattolici evoluzionisti, mentre entrambe sono lontane dalle situazioni degli ambienti fondamentalisti e radicalmente creazionisti di certo cristianesimo protestante e del *paracristianesimo* dei Testimoni di Geova in cui, anche nell'àmbito dei dirigenti, si trovano integralisti che prendono alla lettera tutti i versetti della Bibbia, senza distinzione fra quelli storici e quelli favolososimbolici; questo favorisce in Occidente la radicalizzazione della disputa fra creazionisti ed evoluzionisti.

> Relativamente ai Testimoni di Geova mi pare più preciso parlare di *paraeristiani* e non di cristiani perché essi negano quelle colonne portanti del Cristianesimo – o se si preferisce, del fenomeno storicoreligioso che si etichetta con la parola Cristianesimo – che sono tanto la risurrezione e la divinità del vero uomo Gesù, quanto la Trinità: quest'ultima parola significa anzitutto che Dio nel suo Essere eterno e immutabile è pure vero uomo, *glorioso e spirituale* secondo le parole di san Paolo, cioè è il Cristo eterno detto anche il Figlio, e che questa seconda Persona è, tautologicamente, non solo umana, ma divina, mentre, essendo l'amore tra Padre e Figlio infinito e poiché tutto quanto è infinito ha, per definizione, natura divina, quest'Amore infinito è la terza Persona, detta Spirito santo.[5].

A proposito dell'apertura di fatto del Corano alla moderna scienza e in particolare alla teoria evoluzionista, può essere degno di attenzione quanto scriveva e divulgava in conferenze un esperto occidentale del mondo islamico, il medico ed egittologo francese Maurice Bucaille (1920-1998), già a capo della Clinica Chirurgica dell'Università di Parigi e per lungo tempo medico di famiglia del re Faisal dell'Arabia Saudita dove aveva iniziato a interessarsi a fondo della

---

[5] In merito si può andare, volendo, al mio saggio "È Uomo", Pozzuoli -Napoli, 2007, fuori catalogo nell'edizione cartacea, ma disponibile gratuitamente in e-book pdf al seguente indirizzo: http://www.lulu.com/shop/guidopagliarino/%C3%83%C2%A8uomosaggioedizioneeconomica/ebook/product-17554412.html

religione islamica e del suo libro sacro, così che nel 1976 era stato coautore, con lo scrittore Alastair D. Pannell, di uno studio su Bibbia, Corano e scienza [6]. Il Bucaille riteneva, in ottica coranica però, non scientifica, che l'evoluzione avesse riguardato indifferentemente tutti gli animali fino agli ominidi e che con questi si fosse verificata una biforcazione fondamentale e le mutazioni avessero agito separatamente lungo il ramo degli ominidi, poi estintisi, e lungo quello degli esseri umani. Il Bucaille precisava, nel trattare dei rapporti fra Corano e scienza, che col secondo termine intendeva una conoscenza profondamente stabilita e che il Corano restava per eccellenza un libro religioso, e tuttavia per lui nelle sure si trovavano, in forma allegorica, molte affermazioni che apparivano come lontane anticipazioni della verità scientifica oggi riconosciuta, anche se un uomo degli inizi del VII secolo non avrebbe potuto intendere quei riferimenti; ormai, però, molti islamici avevano una profonda conoscenza non solo del Corano, ma anche delle scienze naturali e ben potevano capire. Relativamente al Big Bang, per questo medico i versetti coranici sulla creazione del mondo erano ben riferibili a quella congettura moderna sulla formazione dell'universo, infatti nel Corano c'erano dati relativi all'esistenza d'una massa gassosa iniziale unica, cioè i cui elementi da principio erano fusi insieme e poi venivano separati, com'è rintracciabile sia nella sura 41, 11: "E Dio si volse al Cielo quando era fumo", sia nella sura 21, 30: "Non vedono gli

[6] Maurice Bucaille, Alastair D. Pannell "The Bible The Qur'an and Science. The Holy Scriptures Examined in the Light of Modern Knowledge", ABC International Group Inc.,U.S., 2003. Al momento della stesura di questa nota, marzo 2014, è disponibile su Google Libri la versione elettronica dell'opera all'indirizzo internet: http://books.google.it/books?id=pBq-uXYcoboC&pg=PP1&dq=Maurice+Bucaille,+Alastair+D.+Pannell+%E2%80%9CThe+Bible+The+Qur%E2%80%99an+and+Science.+The+Holy+Scriptures+Examined+in+the+Light+of+Modern+Knowledge&hl=it&sa=X&ei=KjlTU6H4Bog7AbVqI

infedeli che i Cieli e la Terra erano uniti insieme, poi Noi li separammo?"; risultato del processo di separazione erano stati molteplici mondi, una nozione che il Bucaille ritrovava molte volte nel Corano, come ad esempio nella sura 1, 2: "Lode ad Allah, Signore degli Universi". Tutto questo era per lui in accordo con le concezioni scientifiche attuali sull'esistenza d'una prima nebulosa e del processo di separazione successivo degli elementi di quell'unica massa, con la formazione delle galassie e, in queste, di stelle originanti i pianeti. A proposito dell'origine della vita, per il Bucaille era significativa la sura 21 al versetto 30: "E Noi facemmo uscire ogni essere vivente dall'acqua", affermazione che poteva essere riferita, a parer suo, alla moderna congettura che l'origine dei viventi sia acquatica.

Dei rapporti fra Corano e scienza si è occupato pure lo psicologo, poeta, pittore, incisore e ceramista, italiano ma di discendenza turcoafghana, Gabriele Mandel. Anch'egli ha scritto[7] che nelle sure, accanto alla ripresa di antichi miti e leggende, troviamo descrizioni metaforiche che si possono modernamente riferire alla congettura evolutiva, in cui Allah crea ogni animale dall'acqua in fasi successive facendolo esattamente come lui lo vuole: "Dall'acqua, Allah ha creato tutti gli animali. Alcuni di loro strisciano sul ventre, altri camminano su due piedi e altri su quattro. Allah crea ciò che vuole. In verità Allah è onnipotente" (sura 24, 45), o dove si esorta il fedele dicendo: "Perché non confidate nella magnanimità di Allah, quando è Lui che vi ha creati in fasi successive?" (sura 71,13-14).

Forse a causa della consapevolezza nei dotti esperti della umma dell'allegoricità di molte parti del Corano, fino a tempo fa non s'erano accese questioni fra evoluzionisti e creazionisti musulmani né, d'altra parte, i secondi erano entrati in

---

[7] Gabriele Mandel, "il Corano senza Segreti", cit.

discussioni coi nostri atei scientisti; questi ultimi s'erano trovati innanzi a un muro d'indifferenza, nel generale disdegno islamico per la società occidentale considerata degenere e nemica di Dio. Solo da qualche tempo le teorie evoluzioniste sono oggetto di discussione pubblica nei Paesi islamici. Non siamo di certo alla guerra, ma essa si prospetta col modernizzarsi delle società islamiche, come afferma un noto docente di origine iraniana, Salman Hameed dell'Hampshire College del Massachusetts, conoscitore profondo del mondo islamico e studioso di creazionismo ed evoluzionismo nella umma. Un caso di reazione creazionista s'è verificato in Turchia nella primavera del 2009, sebbene il Paese sia lo Stato islamico più avanzato sulla via della modernizzazione e, in questo processo, dello studio dell'evoluzionismo: è accaduto che il numero di marzo 2009 della rivista "Scienza e Tecnologia" (in turco "Bilim ve Teknik") che doveva contenere un articolo commemorativo di una quindicina di pagine su Darwin, per i 200 anni dalla sua nascita, è uscito all'ultimo momento privo di quel servizio, senza spiegazione alcuna. Ha creato perplessità nell'ambiente scientifico il fatto che la rivista sia finanziata da un'agenzia d'area governativa e che il governo sia islamico, sia pure non estremista. Il fatto è trapelato nel mondo tramite i mezzi di comunicazione perché quella censura, o così è stata interpretata normalmente in ambiente accademico, ha portato non solo a ferme proteste di docenti e ricercatori, ma a manifestazioni di piazza studentesche. Gli avversari islamici della teoria dell'evoluzione indirizzano gli strali essenzialmente al darwinismo, a causa dei suoi ateismo e casualismo che minacciano il credo religioso musulmano e l'idea stessa della realtà di Allah[8].

Come tra i creazionisti cristiani, fra quelli islamici

---

[8] Salman Hameed, cit.

troviamo accanto a persone semplici, figure colte, per esempio il docente universitario Seyyed Hossein Nasr [9]. L'argomento più frequente delle sue ricerche è quello dei rapporti fra la scienza e la fede religiosa ed egli ha scritto in modo particolare sul significato della scienza nell'àmbito della religione musulmana. S'è occupato inoltre della relazione dell'uomo con la natura, richiamando il punto di vista su questa di grandi figure filosofiche musulmane del passato, e ha rilevato l'azione devastante dell'uomo moderno sull'ambiente; ha parlato della crisi spirituale occidentale dovuta alla secolarizzazione e, finalmente, s'è occupato a fondo di darwinismo, giungendo a considerarlo una mera credenza atea costituente lo scheletro dell'ideologia scientista positivista imperante in Occidente fin dal XIX secolo e ormai in via di diffusione anche al di fuori dei confini occidentali.

Si noti che, poiché la cultura islamica tiene in gran conto la scienza e gli scienziati, fra i biologi vi sono molti che approfittano di quella stima per diffondere la teoria dell'evoluzione attraverso i media, l'università e la scuola, appellandosi, alcuni funzionalmente, altri con piena convinzione religiosa, a versetti del Corano che, come abbiamo intravisto, letti oggi sembrerebbero presentare un'apertura all'ipotesi evoluzionista. In primo luogo quegli studiosi si richiamano all'affermazione coranica che l'origine della vita è nell'acqua, così da poter fare un raffronto, senza rischi di censure religiose, con il liquido *brodo primordiale* sede della prima vita monocellulare batterica, secondo la teoria dell'evoluzione: l'utilità, se non la necessità, di fare riferimento alla religione indicherebbe, mi sembra, che la situazione della ricerca nei Paesi musulmani, o almeno in quelli più integralisti, non è paragonabile a quella totalmente

---

[9] L'iraniano Seyyed Hossein Nasr (1939) è professore di studi islamici alla George Washington University, inoltre è metafisico, filosofo della scienza e studioso di religioni comparate.

libera dell'Occidente. Gli evoluzionisti della umma si richiamano anche a scritti di filosofi medievali islamici in quanto, se per l'Islam Dio è rappresentabile solo allusivamente tramite metafore e se gli evoluzionisti musulmani si riferiscono in primo luogo a quelle del Corano, dette metafore sono pur presenti in opere di pensatori universalmente stimati in ambiente islamico, i cui scritti furono composti per la maggior parte fra l'XI e il XIII secolo. Tra i più citati dagli evoluzionisti maomettani c'è il massimo poeta e mistico di tutto l'Islam, il persiano Maulānā Gialāl al-Dīn (1207-1273) [10], noto in Occidente come Rūmī dalla città di Rūm in Anatolia dove aveva trascorso la maggior parte della propria vita. Egli affermava che l'uomo giungeva da molto distante, passando dal regno delle cose materiali non organiche a quello vegetale, poi a quello animale, ogni volta senza ricordare il precedente stato, fino a entrare nella condizione umana, ancora una volta senza conservare memoria delle sue precedenti anime vegetative; ma ancor oltre, egli soggiungeva, uno stato angelico puramente spirituale era in attesa dell'uomo.

Nonostante la via diversa e la differente fede religiosa, può venire alla mente a tal riguardo la teologia di padre Pierre Teilhard de Chardin, di cui parlerò criticamente nel capitolo 9, con quella sua finale spiritualizzazione non solo dell'uomo, ma universale, che quel gesuita antropologo e geologo chiamava Cristosfera.

Gli evoluzionisti islamici fanno riferimento pure a suo

---

[10] Di Maulānā Gialāl alDīn Rūmī si può trovare, tradotto direttamente dal persiano, "L'Essenza del Reale -Fîhi mâ fîhi (C'è quel che c'è)", traduzione, introduzione e note di Sergio Foti, revisione di Gianpaolo Fiorentini, Torino, 1995.

figlio, il gran maestro *sufi*, a propria volta poeta, Sultân Walad (1226-1318), autore dell'opera "La parola segreta" [11].

> Il *sufismo* è una scuola esoterica dell'Islam dedicata alla ricerca della verità spirituale, col fine di comprendere perfettamente sé stessi e di elevarsi fino alla visione di Allah grazie a certe particolari pratiche segrete, fra cui quelle della musica e della danza, che porterebbero alla rinuncia del proprio ego. Il primo gruppo di pii sufisti nasce quasi contemporaneamente all'Islam, essendo ancor vivo Maometto. Tutte le moderne scuole sufi sparse in molti Paesi, fra essi quelli islamici del nord Africa, la Turchia, la Siria, l'Iran, l'India e l'Indonesia, hanno quell'origine,

Sultân Walad, sulla base delle idee paterne e forse influenzato, come presumibilmente anche il padre, dal "De Anima" di Aristotele, sosteneva che dalla materia era derivata l'anima vegetativa degli organismi e che poi Allah aveva aggiunto nell'uomo la razionale psiche: "Gli organismi viventi hanno prodotto un'anima animale. Per la sua grazia, Dio vi aggiunse la ragione" [12]. Così come per il Corano, per questo maestro tutti gli esseri derivavano dall'acqua e inoltre, secondo lui, essi sarebbero un giorno tornati all'acqua d'origine, perché la luce del sole della bellezza divina, scriveva, avrebbe fuso la neve dell'esistenza che sarebbe colata come un ruscello: anche qui si può notare una certa

---

[11] Traduzione in francese "La parole secrète" a cura di Djamchid Mortazavi e Eva de VitrayMeyerovitch, Editions du Rocher, Parigi, 1988, e susseguente traduzione in italiano dal francese: "La parola segreta -L'insegnamento del maestro sufi Rûmî", trad. di Norge Russo, revisione di Gianpaolo Fiorentini, Torino, 1993.

[12] "La parola segreta", cit.

affinità fra l'acqua dei primordi e il *brodo primordiale* del moderno evoluzionismo. Gli evoluzionisti fanno riferimento anche al nordafricano Ibn Khaldun[13] (1332-1406), considerato il maggiore storico e filosofo sociale arabo, nonché grammatico e giurisperito di diritto islamico; egli aveva fra l'altro osservato punti in comune fra uomini e scimmie e creduto lui pure in un'evoluzione delle specie dall'acqua.

Ho detto che Rūmī e Walad dovevano essere stati conoscitori di Aristotele e averne subìto qualche influenza; e in generale, l'Islam riteneva, sin dai suoi inizi, che impronte della verità divina si trovassero pure in scritti sapienziali non maomettani, tanto in quelli filosofici orientali, quanto nelle opere scientifiche e filosofiche della Grecia classica e del successivo ellenismo, che venivano dunque tradotte in arabo e in persiano da dotti musulmani e da essi commentate. La traslazione di scritti greci contribuiva a indirizzare l'Islam al campo della scienza, in un prosieguo della tradizione ellenica, entro un'area che spaziava dalla medicina all'astronomia alla geometria di matrice euclidea e pitagorica.

Non è strano, insomma, che diversi musulmani guardino oggi con interesse alla teoria dell'origine delle specie. Tutto resta comunque rapportato alla misura essenziale del Corano, non si ritrovano atei scientisti nei Paesi islamici, gli evoluzionisti sono credenti e convinti che non ci sia contraddizione fra scienza e fede. Poiché non solo i docenti universitari, ma pure gl'insegnanti di biologia delle scuole medie e superiori usano il Corano al fine di spiegare l'origine della vita e l'evoluzione delle specie, ne segue che una

---

[13] Ibn Khaldun è tradotto in francese in "Discours sur l'histoire universelle (al-Muqaddima)", traduction, préface, notes et index par Vincent Monteil, Beyrouth, Commission Libanaise pour la traduction des chefsd'oeuvre, 1968. Il nome completo di questo filosofo era Walī alDīn Abd alRahmān ibn Muhammad ibn Muhammad ibn Abī Bakr Muhammad ibn alHasan alHahramī.

percentuale non piccola delle popolazioni islamiche di media e alta cultura è di regola evoluzionista, mentre resta di norma creazionista la maggioranza, costituita da persone poco o per nulla istruite.

Discussioni sull'evoluzione nell'Occidente cristiano (o già cristiano)

Come meglio vedremo oltre e in particolare nel capitolo 5, è piuttosto nell'Occidente cristiano – o che un tempo lo era, considerando la condotta odierna di buona parte della popolazione – che s'assiste a discussioni e anche a polemiche fra i non molti, restanti fedeli e i darwinisti atei che basano sul mero caso non solo l'evoluzione ma l'intero universo cominciando dal Big Bang; ma controversie e a volte litigi non mancano pure fra i credenti creazionisti e quelli evoluzionisti i quali sostengono un'evoluzione fisica del cosmo e biologica delle specie entrambe volute e guidate dal Creatore. Il colmo è che, sovente, oggetto del contendere non è la ricerca scientifica in sé stessa, ma argomenti ontologici, confondendosi tra il campo dell'indagine sperimentale e quelli degli studi metafisici e biblicoteologici sull'essere, quando addirittura non sia la viscerale ideologia a smuovere la contesa,

Il resto del saggio riguarderà tali ambienti.

Intanto mi pare bene richiamare le tre principali teorie evolutive, aggiungendo nondimeno, via, via, alcune considerazioni.

Capitolo 2

Cenni storici alle teorie evolutive

L'evoluzionismo è fatto coincidere da tanti col darwinismo sebbene la teoria di Charles Darwin sia stata affiancata, se non anticipata, da quella analoga di Alfred Russel Wallace ed entrambe siano state precedute dalla congettura evoluzionista di JeanBaptiste Lamarck. Inoltre, come vedremo meglio nel capitolo 7, nel neoevoluzionismo è stata proposta una nuova sotto teoria, quella degli equilibri punteggiati.

Presento un breve excursus storico, cui affianco alcune considerazioni inerenti:

Charles Darwin (18091882)

Lo scienziato agnostico inglese Charles Darwin era stato, nella prima parte della sua vita, un credente e, in gioventù, addirittura un fondamentalista cristiano, nato com'era in un devoto ambiente protestante da padre anglicano e madre unitariana[14] ed essendo stato sottoposto dai genitori a una

---

[14] L'unitarianesimo, presente in primo luogo, oggi, negli Stati Uniti d'America, respinge l'idea di tre Persone parimenti divine e coeterne dell'unico Dio, crede nella semplice unicità della Persona di Dio, non nella sua Trinità. Per gli unitariani, Padre, Figlio e Spirito Santo sono meri titoli che descrivono i vari ruoli e le diverse opere di Dio ma non esprimono una triplicità nella natura

rigorosissima educazione religiosa, comprendente lo studio quasi alla lettera della Bibbia, e poi avviato agli studi in teologia a Cambridge presso il Christ's College. Come risulta dalla sua "Autobiografia", tutto questo gli aveva lasciato per molto tempo l'idea della letterale, assoluta verità di ogni parola biblica. Dopo le sue ricerche, giunto alla pubblicazione della fondamentale opera "Sull'origine delle specie per mezzo della selezione naturale o la preservazione delle razze favorite nella lotta per la vita", nota generalmente come "L'origine delle specie", egli s'era dichiarato agnostico.

Com'è piuttosto noto, aveva iniziato la sua carriera di naturalista intraprendendo nel 1831, quale ospite del comandante, un viaggio quinquennale attorno al mondo sul brigantino della Marina militare britannica Beagle che ospitava una spedizione cartografica, e aveva così visitato ed esplorato con questa le isole di Capo Verde e le Falkland (o Malvine), le coste atlantiche e pacifiche dell'America meridionale, le isole Galápagos e infine l'Australia. Nell'arcipelago delle Galápagos aveva notato che ciascuna isola ospitava proprie forme di tartarughe e di specie avicole che per certi aspetti erano simili e per altri erano diverse e aveva inoltre osservato somiglianze tra certi fossili che aveva

---

divina: Padre si riferisce a Dio nel suo rapporto familiare con l'umanità, Figlio designa Dio incarnato, Spirito indica Dio quando agisce creando il mondo e assistendo provvidenzialmente l'umanità. È idea che ebbe importanza nei primi secoli e che sorse già nel I presso giudeocristiani che conservavano invincibile la visione dell'unico Jahvè di cui parla il Primo Testamento. Gli unitariani, mai del tutto estinti, si ripresentarono con clamore sulla scena storicoreligiosa nel XVI secolo coi pensatori e teologi Piotr z Goniądza (z = di) più noto come Petrus Gonesius, David Ferencz, Lelio Francesco Maria Sozzini, o Sozini, cognome ch'egli latinizzò in Socinus, Martin Borrhaus detto Cellarius, Bernardino Ochino e Michele Serveto, forse il più conosciuto in quanto pubblicò il *De Trinitatis erroribus* nel 1531, trattato che destò enorme scandalo in Europa, e fu condannato e messo al rogo per eresia a Ginevra dai cristiani calvinisti nel 1553.

scoperto e certe specie viventi. Aveva nel frattempo letto il saggio del 1798 sulla popolazione [15] del pastore protestante Thomas Malthus (1766‑1834), in cui questo economista sosteneva che l'incremento della popolazione umana era superiore a quello delle risorse alimentari e si sviluppava in progressione geometrica mentre il cibo disponibile aumentava solo in progressione aritmetica, per cui si veniva spinti a coltivare terre sempre meno fertili, ma soffrendo comunque gran penuria di generi alimentari in una sempre più vasta diffusione della fame, con morti d'inedia, in una sorta di controllo naturale a posteriori che selezionava la popolazione umana. Tra il Malthus e i ritrovamenti e le osservazioni naturali, erano nate nel Darwin le idee che l'avrebbero portato a formulare la teoria dell'evoluzione per selezione naturale; in particolare era partito dalla supposizione che le diverse tartarughe da lui osservate avessero avuto origine da una specie comune e poi fossero mutate adattandosi agli ambienti differenti delle diverse isole dell'arcipelago delle Galapagos. Era tornato a Londra nel 1836 coi campioni vegetali e animali raccolti e i fossili ritrovati. Aveva dato in visione i suoi reperti ornitologici a esperti del British Museum e l'anno dopo era stato da loro informato che quegli uccelli, benché d'aspetto piuttosto differente, appartenevano tutti alla famiglia zoologica Fringillidae e alla sottofamiglia Geospizinae, vale a dire dei comuni fringuelli. Aveva concluso che in ogni specie vivente nascono, nel corso delle generazioni, individui con caratteristiche differenti rispetto a quelle dei loro procreatori e fra tali individui un principio di competizione, la selezione naturale, sceglie il più adatto a sopravvivere nell'ambiente; la generazione che segue ha una presenza maggiore di esemplari che meglio sopravvivono e meglio si riproducono. In altri

---

[15] "An essay of the principle of the population as it affects the future improvement of society" -"Saggio sul principio della popolazione e come esso ha effetti sullo sviluppo futuro della società".

termini, per questo scienziato intervengono nel processo evolutivo alcuni principi, quello della variazione casuale, tanto fisiologica che, in conseguenza di questa, comportamentale, il principio dell'ereditarietà dei mutamenti e quello di selezione naturale nella competizione fra individui; il Darwin, avendo presente l'ambiente delle Galápagos, concepisce inoltre l'idea di nicchia protetta ch'egli ritiene favorisca il meccanismo, grazie all'assenza o almeno alla minore presenza di predatori e, in generale, di offese ambientali; sostiene inoltre che il motore di tutto è il cieco caso, anche se, in un primo tempo, egli aveva supposto un possibile finalismo della variazione.

Parlare di caso nel darwinismo e, oggi, nel neodarwinismo e in generale nella ricerca biologica e naturalistica, significa dire che un mutamento in un essere vivente non dipende dal bisogno di quell'organismo e che la trasformazione del medesimo non è imposta da un'esigenza originata dall'ambiente, ma che si tratta di trasformazione puramente fortuita: il vivente mutato che per accidente si venga a trovare in una migliore condizione di altri rispetto all'ambiente in cui alloggia, sopravvive originando una nuova specie che prospera, mentre i non mutati e i mal mutati della sua specie si estinguono [16]. Come avevo già scritto in un mio

---

[16] L'estinzione tuttavia non avviene sempre e necessariamente, come paiono dimostrare i cosiddetti *fossili viventi*, espressione coniata dallo stesso Darwin che non aveva nascosto il fenomeno, pur considerandolo eccezionale. Se ne possono citare, a puro titolo d'esempio, alcuni fra i molti: in campo vegetale, il sempre florido Gingko Biloba, la cui specie comparve al più tardi nel Giurassico, epoca dei dinosauri; in campo animale le spugne, che esistono ininterrottamente da almeno un miliardo di anni, e il pesce Celacanto, classificato scientificamente come *Latimera chalumnae* per il fatto ch'era stato pescato, nell'Oceano Indiano, alla foce del fiume sud africano Chalumna: si trattava d'un bell'esemplare d'un metro e mezzo di lunghezza e del peso di cinquantasette chili che presentava pinne muscolose, caratteristica questa della sua arcaica specie, quella dei *Crossopterigi Celacantiformi* dell'era paleozoica,

saggio precedente [17], per Darwin "*non c'era alcun fine nella selezione naturale, la quale non era guidata da alcuna forza logica di natura e men che mai da una Ragione soprannaturale: per lui i mutamenti erano meccanici, non c'era alcuna idea di progresso nell'evoluzione né esisteva una gerarchia fra i viventi, compreso l'uomo; era il caso a produrre variazioni, perciò queste non avevano uno scopo né al fine d'un mutamento dell'ambiente né per soddisfare una particolare necessità dell'individuo. Secondo Darwin, se la variazione casuale era negativa non veniva tramandata, se invece positiva, sì. Tale visuale cozzava ovviamente con quella cristiana. Paradigma di Darwin era il meccanicismo di Newton, che durante due secoli aveva grandemente contribuito alla ricerca nel campo della fisica ed era stato punto di riferimento per tutti gli scienziati: nell'800 si era ancora lontani dalle sconcertanti scoperte successive, probabilismo, quantistica e relatività, e Darwin voleva e pensava di poter erigere un sistema solido anche per la biologia com'era, nel suo tempo, quello niùtoniano, fondato sulle tre leggi della meccanica; aveva dunque congetturato e presentato a propria volta tre leggi: le mutazioni casuali che giustificavano secondo lui il sorgere delle nuove specie; la lotta per l'esistenza che premiava le mutazioni più adatte; la selezione naturale, causata dall'isolamento geografico, che favoriva l'estinzione di specie e lo sviluppo di altre: a ben vedere, non era l'idea in sé d'evoluzione a disturbare il Cristianesimo, ma il concetto di selezione naturale, che si scontrava con l'idea del Piano divino per gli esseri umani ed*

---

cioè di circa quattrocento milioni di anni fa, che era ritenuta del tutto estinta e da moltissimo tempo.

[17] "È Uomo" (in particolare il II capitolo, IL CERVELLO, LA MENTE, L'ANIMA DI FRONTE ALLA SCIENZA), cit., ebook gratuiti all'indirizzo http://www.lulu.com/shop/guidopagliarino/%C3%83%C2%A8uomosaggio-edizioneeconomica/ebook/product17554412.html

era l'idea d'un cieco, meccanico processo, mentre per la fede cristiana, addirittura, nella sua seconda Persona Dio s'era incarnato volutamente nella Storia".

Nei suoi ultimi anni di vita Charles Darwin accolse un concetto, detto pangenesi, tratto dal Lamarck (v. oltre), cioè la congettura dell'uso e del disuso d'un organo che provocherebbe inerenti varianti nella generazione successiva.

Sulle critiche a Darwin

Oggigiorno il darwinismo è assoggettato a critiche e puntualizzazioni, non solo da parte credente, ma pure in certi ambienti neodarwinisti. In sintesi, sono le seguenti:

Il modello darwiniano non può spiegare fenomeni quali i grandi mutamenti improvvisi e gli eventi catastrofici d'estinzione, come quella ben nota dei dinosauri, che contrastano la congettura dell'evoluzione graduale; sarebbero troppo lunghi i tempi necessari per l'affermarsi delle nuove specie, se le mutazioni fossero lente e graduali; il darwinismo classico non spiega il ruolo delle mutazioni neutrali, costituenti oltretutto la gran maggioranza delle mutazioni stesse; non contempla le indubbie, diverse forme di cooperazione fra esseri viventi, che contraddicono l'immagine d'un mondo guidato solo dalla lotta per la sopravvivenza; né il Darwin chiarisce il meccanismo dell'ereditarietà dei caratteri acquisiti.

Da tempo le nuove frontiere raggiunte dalla genetica, in particolare la scoperta del DNA [18] e gli studi conseguenti, materia ch'era ignota a Darwin e alle prime generazioni di suoi seguaci, hanno portato i neodarwinisti, sempre sull'ipotesi casualista, a studi di microbiologia rivolti a corroborare l'idea delle mutazioni e, quindi, della teoria evoluzionista: è stata formulata la cosiddetta *teoria sintetica* che considera quali scaturigini della selezione naturale, in primo luogo, casuali mutazioni genetiche minime nel DNA, dette *microevoluzioni*, che nel corso del tempo, sotto il vaglio della solita, darwiniana selezione naturale, sommandosi realizzano *macroevoluzioni*.

D'altro canto in ambiente credente, evoluzionista o no, si rileva che noi esseri umani non possiamo essere ricondotti a nessun'altra specie considerando i relativi DNA, nemmeno a bestie in cui il medesimo appaia molto vicino al nostro. In particolare si fa notare che resta un baratro fra l'uomo e l'animale a lui meno lontano, il bonobo, cioè lo scimpanzé nano, anche se la sequenza del DNA delle due specie è quasi eguale. È stato eseguito il cosiddetto sequenziamento [19] del

---

[18] È noto che tutti gli organismi contengono DNA, acido desossiribonucleico, e, inoltre, RNA, acido ribonucleico. Il DNA contiene tutte le informazioni genetiche ereditarie del nucleo, cioè i cosiddetti plasmidi, mitocondri e cloroplasti, che sono alla base dello sviluppo di tutti gli organismi; inoltre tale informazione genetica viene trascritta in molecole di RNA che contiene il codice per sintetizzare certe proteine specifiche.

[19] Il sequenziamento del DNA consiste nello stabilire l'ordine dei cosiddetti nucleotidi, cioè adenina, citosina, guanina e timina, che costituiscono l'acido nucleico; come dicono gli specialisti, determinare la sequenza è utile per la

DNA del bonobo e s'è rilevato che le sequenze del suo menoma, il quale comprende l'informazione genetica dell'organismo cioè l'intero suo materiale genetico, sono come quelle umane per il 98,4 per cento, e però quell'1,6 per cento di differenza corrisponde a ben 35 milioni di nucleotidi sul numero di 3 miliardi circa complessivi. Ci sono altre differenze, relative alle cosiddette duplicazioni, inversioni, inserzioni, delezioni, le quali riducono la somiglianza a circa il 96 per cento, e secondo gli scienziati che si sono occupati di questa ricerca, si tratta di differenze molto significative [20]; ci sono inoltre, essi dicono, diversità nelle catene di aminoacidi delle proteine, difformità strutturali dell'emoglobina e altre ancora, che il profano può non intendere ma sono eloquenti per gli specialisti. Tutte queste differenze fanno insomma dell'uomo un essere sostanzialmente diverso dalla *Cheta* – per noi italiani *Cita* – di Tarzan, dallo scimpanzé. D'altro canto, noi esseri umani non possiamo essere ricondotti neppure agli esponenti di specie di Homo sapiens diverse da quella nostra dell'Homo sapiens sapiens, cioè dell'uomo che non solo sa, ma sa di sapere perché la sua mente è l'esito d'un vertiginoso salto verticale qualitativo, sempre considerando i relativi DNA; da parte sua lo scienziato evoluzionista Guido Barbujani, professore di genetica all'Università di Ferrara, ha affermato[21] che "*lo studio dei fossili dimostra che è una storia cominciata in Africa, forse 6 milioni di anni fa, quando si sono separati i destini di due gruppi di scimmie che col tempo si sarebbero evoluti in due specie moderne, lo scimpanzé e l'uomo. Da allora sono apparse diverse forme*

---

ricerca della maniera in cui gli organismi vivono; all'interno della sequenza sono codificati i geni di ogni organismo vivente e inoltre le istruzioni per esprimerli nel tempo e nello spazio: cosiddetta regolazione dell'espressione genica.

[20] Cfr. la rivista "Le Scienze" n. 446, ottobre 2005, pag. 27.

[21] Cfr. Tuttoscienze del 16 settembre 2009, pagg. IV e V .

umane differenti, delle quali solo una, la nostra, è sopravvissuta. [...] Centomila anni fa gente come noi, con uno scheletro come il nostro, stava solo nell'Africa dell'Est. Ma anche in Europa vivevano esseri umani, per quanto avessero uno scheletro e una cultura diversi dai nostri: i neandertaliani. E in Asia c'erano altre due forme umane. [...] Oggi, almeno per quanto riguarda i neandertaliani, sappiamo che il loro DNA era diverso dal nostro, così diverso che non possono essere stati i nostri antenati: si sono estinti al nostro arrivo dall'Africa".

Penso che parlando di due altre forme umane esistite in Asia, Guido Barbujani si sia riferito all'Homo sapiens heidelbergensis e all'Homo floresiensis. L'Homo sapiens heidelbergensis (fra i 600.000 e i 100.000 anni fa), i cui primi resti furono rinvenuti presso Heidelberg, nel Baden-Württemberg, poi in Asia e Africa; aveva una capacità cranica fino a 1600 cc e, secondo gli antropologi, non improbabilmente era stato il progenitore in Europa dell'Homo sapiens neanderthalensis, nello stesso tempo in cui in Africa si stava evolvendo quell'Homo sapiens che sarebbe giunto a essere, in un salto vertiginoso, l'Homo sapiens sapiens. L'Homo floresiensis, cosiddetto perché ritrovato, nel 2003 nell'isola di Flores, a est di Bali in Indonesia, è vissuto fino a 18.000 anni or sono; aveva capacità cranica di soli 380 cc ma proporzionata alla propria altezza assai bassa, inferiore a quella d'un pigmeo; si ritiene avesse convissuto sull'isola con noi sapiens sapiens; è stato il ritrovamento di utensili in pietra accanto ai reperti paleontologici di questa specie che ha fatto supporre che i foresiensis avessero sviluppata una forma di cultura nonostante le dimensioni piccole del loro cervello, per cui la specie stessa sarebbe qualificabile come sapiens, anche perché i suoi denti sono piccoli come quelli dell'Homo sapiens mentre i denti degli arcaici ominidi sono invece relativamente più grandi.

Secondo evoluzionisti contemporanei, dunque, una specie ancestrale di *proscimmia* sarebbe l'antenata dei primati e avrebbe originato, sei milioni d'anni fa, oltre a specie di proscimmie di cui alcune discese fino al nostro tempo – i lemuri, i tarsi e i lorisiformi, classificati come un sottordine della categoria dei primati chiamato, come il lontanissimo antenato, delle proscimmmie – una *protoscimmia* da una parte, calata evolvendosi fino allo scimpanzé odierno, e dall'altra parte un primo ominide eretto, ma ancora bestiale, sceso, via, via mutando (per i cristiani evoluzionisti secondo la congettura di un'evoluzione a salti, di cui dirò oltre), a diversi rami di specie Homo, fra cui quella dell'Homo sapiens sapiens; e considerando che, come è stato dimostrato scientificamente, il DNA dei neandertaliani era differente dal nostro come lo è quello dello scimpanzé, a sufficienza diverso cioè da consentirci di capire che non c'erano nostri rapporti di parentela con l'Homo sapiens neardenthalensis, verosimilmente, anche se ciò resta da verificare, pure il DNA delle altre specie di Homo sapiens era, poco o tanto, differente dal nostro.

Per inciso: *Proscimmia* significa antecedente la scimmia e rivolta verso di essa e non è ovviamente da confondere con la *protoscimmia* cioè, come dice la parola, con la prima scimmia vera e propria, dalla quale, secondo la teoria, ha poi avuto origine, tra altre scimmie, lo scimpanzé. Poiché dalla proscimmia si fanno derivare sia gli esseri umani, sia parallelamente le scimmie, dire che l'uomo discende dalla scimmia è un errore.

Il credente potrebbe chiedersi se tutte quelle varietà,

*nonostante il nome scientifico Homo, fossero o no
specie umane agli occhi di Dio, se cioè fossero...
Adamo*

È una domanda che potrebbe incuriosire,
accademicamente, pure i non credenti.

Si noti anzitutto che il nome biblico Adamo,   ʾĀdam,
significa L'uomo, l'Essere umano con la maiuscola nel senso
dell'Umanità d'ogni tempo.

Possiamo vedere in primo luogo la cosa dall'*angolo
visuale della creatura.* Per quanto riguarda l'intelligenza, non
solo i neandertaliani, organismi relativamente recenti vissuti
fra i 130.000 e i 30.000 anni fa, ma pure altre specie Homo
più arcaiche progettavano e costruivano rudimentali utensili in
pietra: l'Homo ergaster, esistito in Africa fra gli 1,8 milioni e i
300.000 anni fa, era stato l'iniziatore della lavorazione litica,
rendendo la selce tagliente e a forma di mandorla, perciò detta
dai paleontologi, dal latino, amigdala, successivamente
avevano esercitato l'industria della pietra le diverse varietà
della specie Homo erectus. Questa primitiva intelligenza
faceva però di questi esseri degli *adami*? Scendiamo più
vicino a noi: fra i 400.000 e i 300.000 anni fa, individui della
specie Homo sapiens arcaicus sapevano accendere il fuoco e
mangiavano cibi cotti, coordinavano la caccia, usavano
rudimentali vesti e, fatto particolarmente interessante,
seppellivano i morti come poi avrebbero fatto l'Homo sapiens
neardenthalensis e infine l'Homo sapiens sapiens; si può
domandare: a parte la nostra, tutte quelle specie avevano
anche un sentore del divino, dato che, quanto meno,
seppellivano i defunti? Lo facevano per una credenza nella
sopravvivenza dei morti nell'Aldilà? No fino a prova
contraria: non sono state trovate testimonianze storiche di riti

funebri in onore del deceduto, riti che avrebbero potuto far supporre il credo in una dimensione ultraterrena. Tutti seppellivano le salme, verosimilmente, per sfuggire i miasmi cadaverici. Le prime testimonianze di riti religiosi (e pure di forme artistiche) delle specie Homo si situano in età recente, in un periodo fra i 40.000 e i 30.000 anni fa e sono del solo Homo sapiens sapiens; sono infatti indispensabili un sofisticato ordinamento sociale, un linguaggio e un senso morale che, per quanto ogni ritrovamento a tutt'oggi fa pensare, sono tipici soltanto di noi esseri umani e non dei più arcaici ominidi e nemmeno del meno antico Homo sapiens neanderthalensis che, per un notevole periodo di tempo, visse contemporaneamente a noi.

Quanto all'*angolo visuale* di Dio – ovviamente siamo qui nell'àmbito credente – non è possibile all'uomo scoprire se anche gli ormai estinti appartenenti ai generi *Homo* e, anzitutto, i meno distanti da noi, i neandertaliani, fossero stati creature cui il Creatore, benché non avesse concesso loro una Rivelazione, avesse aperto la possibilità di continuare a vivere nel suo Essere eterno dopo la morte: lo sa Dio soltanto; naturalmente non è compito della scienza indagare in merito, non trattandosi di qualcosa di sperimentabile. Il credente sa che non ne è stato rivelato niente al riguardo nella Scrittura, come d'altronde nulla è stato detto nemmeno a proposito dell'eventuale sopravvivenza eterna di possibili extraterrestri, intelligenti o no, né di quella degli animali, e la fede suggerisce che dunque tali possibili progetti non dovevano riguardare il devoto, che cioè nei due Testamenti Dio aveva svelato soltanto quanto doveva concernere la specie Homo sapiens sapiens, di cui ogni esponente, nel sentire di chi accolga la Parola, è creato a immagine e somiglianza di Dio stesso e, secondo il credo dei soli cristiani, a immagine della seconda Persona trinitaria, l'uomoÐio Gesù Cristo.

È comunque mio personalissimo punto di vista che il Creatore non abbia elaborato disegni solo per l'Homo sapiens sapiens ma abbia guardato, quanto meno, anche agli altri viventi di tipo sapiens e, al di là della Terra, a eventuali extraterrestri più o meno intelligenti.

Quanto agli animali, si può notare che il Papa Paolo VI credeva, a titolo personale, alla loro sopravvivenza in Dio: come la stampa aveva riferito, avendo incontrato in pubblico un bambino che stava piangendo per la morte del proprio cagnolino, quel Pontefice gli aveva assicurato che lo avrebbe rivisto in Paradiso. L'enciclopedista Jean Baptiste Le Rond d'Alembert (1717-1783) era astronomo, fisico, matematico, filosofo e uno tra i più importanti esponenti dell'Illuminismo francese.

A proposito della domanda se gli esponenti delle altre specie Homo fossero anch'essi degli *adamo*, si può vedere più avanti il paragrafo *Pio XII, monogenismo e poligenismo* nel capitolo 8 intitolato *Pareri di alcuni fra gli ultimi Papi*.

JeanBaptiste Lamarck (1744́1829)

Dal Darwin e dal neodarwinismo andiamo indietro fin al primo evoluzionista, il Lamarck; poi ritorneremo avanti nel tempo, al Russel Wallace, contemporaneo del Darwin.

Per la precisione, a proposito del primato del Lamarck, ricordo che un po' prima di lui il naturalista George Buffon, precisamente GeorgesĹouis Leclerc, conte di Buffon (1707́1788), aveva avuto qualche intuizione evoluzionista, senza tuttavia elaborarne teorie: egli era un esperto di anatomia comparata e, come aveva scritto nella sua opera in 36 tomi "L'Histoire naturelle, générale et particulière", pubblicata negli anni dal 1749 al 1789, in parte quindi dopo la sua morte, egli aveva notato somiglianze fra l'uomo e la scimmia e aveva supposto possibile una genealogia comune.

Dopo un periodo di carriera militare, il francese Jean-Baptiste Lamarck s'era dedicato allo studio delle scienze naturali, secondo una visione filosofica della natura ispirata al materialismo illuminista. Fino a lui s'era pensato che le specie fossero state create così come si presentavano, senz'alcun mutamento; lo stesso grande classificatore svedese degli organismi botanici e zoologici Carl Nilsson Linnaeus, noto in Italia semplicemente come Linneo (1707́1778), era stato fissista, anche se verso la fine della propria vita aveva supposto che potessero, per ibridazione tra specie simili, sorgerne di nuove, ma l'idea d'ibridazione non può essere considerata evoluzionista. Per il Lamarck, la materia non era costituita da elementi stabili e definitivi come si supponeva, ma era mutevole. Egli, partendo da osservazioni sugli invertebrati, aveva concepito la trasformazione delle specie viventi nel corso del tempo, causata dalla sollecitazione dell'ambiente e dalla loro capacità d'adattarvisi: aveva ipotizzato che in tutti gli organismi biologici ci fosse una spinta interna al mutamento, tendente alla perfezione, la quale, a causa di fenomeni ch'egli chiamava "l'uso e il disuso delle parti" e "l'ereditarietà dei caratteri acquisiti", li faceva appunto divenire vieppiù complessi nel corso delle generazioni. Aveva portato così la biologia entro l'evoluzionismo, secondo un'idea dinamica di storia naturale. Aveva espresso quelle sue congetture nell'opera "Philosophie zoologique" del 1809. Il Lamarck era stato anche l'ideatore del termine biologia, che aveva inserito nella grande Enciclopedia illuminista francese, alla cui redazione aveva sostituito il D'Alembert[22].

La sua teoria era stata seguita con attenzione in ambiente biologico fino a tutti gli anni '20 del XX secolo, poi il lamarckismo era stato criticato, dapprima solo da una parte degli scienziati, in seguito generalmente, sia a causa dell'affermazione lamarckiana che la spinta al mutamento era insita nel vivente, il che era qualcosa di soltanto presunto e mai dimostrato, sia soprattutto del fatto che un carattere acquisito durante l'esistenza non pareva, come non pare, trasmissibile ai discendenti, in quanto quel carattere resta memorizzato nelle cellule somatiche e non in quelle germinali; ad esempio, una persona divenuta obesa non tramanda naturalmente il suo adipe ai discendenti, ma è solo se li rimpinza di cibo nei primi mesi e anni d'età che li rende obesi per tutto il resto della vita, e però non si tratta d'un fatto

---

22 L'enciclopedista JeanBaptiste Le Rond d'Alembert (17171783) era astronomo, fisico, matematico, filosofo e uno tra i più importanti esponenti dell'Illuminismo francese.

congenito bensì culturale (ovviamente di cattiva cultura).

Alfred Russel Wallace (1823-1913)

Questo naturalista gallese autodidatta, fra l'altro ecologista ante litteram, aveva dedicato l'intera sua vita alla ricerca pura, vivendo in condizioni economiche precarie, per lo più sui compensi per vendite a musei di reperti zoologici e per conferenze e, negli ultimi anni, sopra un modesto vitalizio pubblico ricevuto grazie al Darwin e ad altri, rivelatosi tuttavia insufficiente a farlo campare con agio.

Il Russel Wallace era giunto alla sua teoria evoluzionista in seguito a due spedizioni scientifiche, la prima in Amazzonia, la seconda in Malesia e Borneo, studiando fauna e flora di quelle regioni e correlando le caratteristiche delle specie con la loro distribuzione geografica. Raccoglieva contemporaneamente, per sovvenzionare le proprie ricerche, esemplari di fauna esotica che inviava a Londra a un mediatore che glieli rivendeva a collezionisti privati e a musei. Aveva letto, come e indipendentemente dal Darwin, il saggio del Malthus sulla popolazione. Nel 1855, mentre era ancora nel Borneo, aveva steso un primo saggio, "On the law which has regulated the introduction of new species" -"Sulla legge che ha regolato l'introduzione di nuove specie", dove già esprimeva la sua ipotesi evoluzionista, senza però congetturare ancora su quale dispositivo si fondassero la modificazione degli organismi e la comparsa delle specie nuove. Tre anni dopo, a Londra, aveva avuto finalmente l'intuizione che quel meccanismo consistesse nella selezione naturale. Aveva messo sinteticamente per iscritto la sua concezione in un articolo che aveva spedito a Charles Darwin per riceverne un giudizio, prima ancora che questi rendesse pubblica la propria ipotesi. La teoria del Russel Wallace era esposta in modo stringato e inequivocabile e aveva posto, senza che l'autore l'avesse voluto, il Darwin sui triboli perché, dopo un ventennio di ricerche, s'era visto a rischio d'essere considerato un epigono. Tuttavia il Russel Wallace, saputo dall'altro dei suoi paralleli studi, aveva accolto senza remore l'idea della consentaneità e c'era stato un accordo, per cui le due teorie erano state presentate in pubblico contemporaneamente il 1 luglio 1858 presso la Linnean Society; solo poi l'articolo del Russel Wallace era stato stampato, come pure alcuni stralci degli scritti inediti del Darwin che, spronato dalla situazione, aveva messo al bando le incertezze e l'anno successivo aveva finalmente pubblicato un lungo riassunto del proprio monumentale lavoro, appunto "L'Origine delle specie". Era il positivistico secolo XIX e il pieno successo, con la fama mondiale, era arriso all'agnostico Darwin, dato che l'altro scienziato, rimasto sempre in ombra presso il pubblico più vasto, pur non praticando una religione non era né ateo, né agnostico, ma aveva un concezione spiritualista e dunque, benché sicuro che fosse la selezione naturale a smuovere l'evoluzione delle specie, non aveva allargato tale congegno meccanicistico allo sviluppo delle facoltà intellettuali e morali dell'essere umano. Aveva espresso dapprima solo indirettamente il suo sentire spirituale sull'uomo, nel saggio "The origin of human races and the antiquity of man deduced from the theory of *natural selection*" -"L'origine delle razze umane e l'antichità dell'uomo dedotta dalla teoria della *selezione naturale*", apparso nel 1864 sulla "Anthropoligical Review", in cui aveva affermato, ma senza presentare prove, come d'altro canto era per il cieco caso evolutore di Darwin, che la selezione naturale aveva smesso di agire sul corpo dell'uomo da quando questi era giunto alla condizione umana piena e che, da allora, le sue caratteristiche fisiche avevano perso ogni valore per la sopravvivenza della persona, assicurata da un nuovo fattore, la mente, peculiare al solo essere umano. Essa lo rendeva in grado d'esercitare potere sulla natura mentre, grazie a essa, egli era sfuggito al potere della natura su di lui, invece tutti gli altri viventi avevano seguitato e continuavano a subire modifiche evoluzioniste in ogni parte del proprio corpo. Secondo il Russel Wallace, l'antropoide si era modificato sì, fino a un certo momento, in tutto il fisico, ma poi solo più nel proprio cerebro, il che aveva influenzato il processo di selezione verso l'intelligentissimo essere umano; e ciò era avvenuto in primo luogo grazie alla posizione eretta e al conseguente uso delle mani come strumenti d'industria e di lotta, iniziale stadio di quella specializzazione cerebrale che avrebbe consentito all'encefalo di diventare infine il meraviglioso cerebro dell'uomo, non più in evoluzione ma definitivamente formato. Di tale ipotesi il materialista e non finalista Darwin era rimasto sorpreso e, quando tempo dopo il Russel Wallace aveva chiaramente espresso la sua concezione spiritualista affermando addirittura che l'evoluzione dell'uomo era guidata da intelligenze trascendenti, ne era rimasto esterrefatto e gli aveva scritto con preoccupazione: "Confido che lei non abbia del tutto ucciso il suo e mio figlio". Si noti peraltro che il Russel Wallace aveva pensato, come il Darwin, a un'evoluzione lenta e interamente graduale attraverso mutazioni impercettibili, per cui, di fatto, nonostante il suo spiritualismo, esseri viventi precedenti l'Homo sapiens sapiens in parte uomini e in parte bestie non erano stati da lui esclusi, diversamente da quanto si può ricavare dall'idea di due ricercatori contemporanei, che contempla un'evoluzione procedente a salti: la cosiddetta teoria degli equilibri punteggiati; mi riferisco agli studiosi Stephen Jay Gould e Niles Eldridge, sui quali ritornerò.

La mia personale posizione

Io accolgo, anche se provvisoriamente e in attesa di ulteriori corroborazioni, proprio la teoria degli equilibri punteggiati, non solo perché mi pare ragionevole e armoniosa, ma in quanto, come vedremo, non contempla il cosiddetto *anello mancante* mezzo uomo e mezzo bestia. È un movente quest'ultimo non scientifico ma teologico, ed ecco un esempio di come giochino sugli assunti, *ex ante*, le considerazioni ontologiche: non solo per i credenti, ovviamente, ma per tutti qualunque sia la loro posizione metafisica. D'altra parte, non riesco a comprendere la visione *pratica* dei credenti creazionisti, al di là dell'allegoria [23] della Genesi che presenta Dio il quale, giunto il mondo ch'egli ha creato a una certa era, cioè metaforicamente al sesto *giorno*, plasma il fango per fare Adamo, vale a dire la prima coppia e quindi il genere umano. Il senso del soffio divino spirato entro l'uomo e la donna componenti la prima coppia umana – l'uomo creato maschio e femmina della Genesi [24] – è chiaro, è il pneuma di vita di Dio ed è, insieme, la sua intelligenza, che per i cristiani è espressione del Logos, cioè del Figlio, Dio e

---

[23] Relativamente al simbolo nella Scrittura, cfr., dell'autore, "Il Dio col grembiule, la progressiva Rivelazione di DioAmore dall'Antico al Nuovo Testamento", 2007, Pozzuoli (Na).

[24] *"Dio creò l'uomo a sua immagine; a immagine di Dio lo creò; maschio e femmina li creò"* (Genesi, 1, 27). Qui la parola uomo – o Adamo – è da intendersi senz'altro nel senso di essere umano in generale (*homo* nella Vulgata biblica latina) e non di *vir* (maschio della specie umana); ne deriva il corollario che il cosiddetto *peccato originale* è l'archetipo d'ogni peccato d'ogni uomo o donna di qualunque tempo (tutti riconducibili di fondo al desiderio di potenza personale).

uomo, che ci rende uomini come lui. La parte invece della narrazione genesiaca che descrive la formazione del corpo umano come plasmazione della materia mi pare inverosimile se presa alla lettera, cioè al di là della cosmogonia allegorica biblica: Dio che scende in terra o comunque che dal suo trascendente modella materialmente e vivifica la materia bruta? O forse i creazionisti hanno un'idea diversa che io non afferro? Sarei lieto, serenamente per amor di conoscenza, se un creazionista ben informato mi spiegasse la sua concreta visione. Intanto mi pare più verosimile l'evoluzionismo rispetto al creazionismo, pur respingendo, da un punto di vista metafisico, l'autoevoluzionismo casuale, anch'esso d'altronde, lo sottolineo, non di matrice scientifica ma ontologica. Contemplo un'evoluzione voluta e guidata da Dio nel cosiddetto *intelligent design*, progetto intelligente, in altre parole un'evoluzione teista. L'evoluzionismo mi sembra compatibile con la fede giudeocristiana, purché le mutazioni s'intendano guidate da Dio secondo una sua legge e purché la prima cellula (secondo il monofiletismo) ovvero le prime cellule (per il polifiletismo) rivolte a formare organismi complessi s'intendano anch'esse volute da Dio e non sorte per caso. Questa legge divina evolutiva potrebbe contemplare proprio i salti biologici cui ho accennato sopra, di cui l'ultimo portante ad Adamo (cioè *L'uomo*) maschio e femmina, intelligente figlio di Dio capace di pensare al suo È Uomo, cit., capitolo II, IL CERVELLO, LA MENTE, L'ANIMA DI FRONTE ALLA SCIENZA , paragrafo *Su Cristianesimo ed evoluzione.* Creatore e da lui, in certo qual modo, plasmato nella materia: non il metaforico fango ma, al penultimo passaggio, la materia di due genitori ancora animali a differenza del loro figlio ormai umano. Dunque, nessun *anello mancante* per giungere all'Homo sapiens sapiens.

Per inciso: È noto, ma non generalmente, che il forte desiderio dei darwinisti di trovare l'anello mancante aveva favorito, nel 1912, una truffa clamorosa attuata da due scienziati desiderosi di fama e non della verità scientifica. S'era trattato della messa in scena del cosiddetto Uomo di Piltdown, un apparente uomoscimmia in realtà creato con un montaggio fra la mandibola di un orango e la calotta cranica di un aborigeno australiano; eppure, immediatamente e per una quarantina d'anni tal presunto ritrovamento era stato osannato negli ambienti scientifici come quello dell'anello mancante, mezzo uomo e mezzo animale, provante l'evoluzione per mutazioni lente e graduali da un preuomo ancora bestiale all'Homo sapiens sapiens. Il *la* alla truffa era stato dato dal paleoantropologo dilettante e medico britannico Charles Dawson che aveva goduto della successiva È Uomo, cit., capitolo II, IL CERVELLO, LA MENTE, L'ANIMA DI FRONTE ALLA SCIENZA, paragrafo *Su Cristianesimo ed evoluzione.* complicità dell'antropologo professionista Arthur Smith Woodward. Il primo aveva dichiarato d'aver trovato sepolti, accanto a manufatti preistorici, un osso mascellare, un calotta cranica e alcuni denti in una cava presso Piltdown. L'osso mascellare era di forma richiamante quella d'una mandibola di una scimmia, il frammento di cranio e i denti erano invece di apparenza umana. Questi campioni erano stati affidati dal Dawson allo Smith Woodward perché li custodisse nel Bristish Natural History Museum ed erano stati classificati dai due, appunto, come l'Uomo di Piltdown; essi avevano affermato che quei resti erano antichi di mezzo milione di anni. Famosi paleontropoligi come lo statunitense Henry Fairfield Osborn, in visita nell'anno 1935 al British Natural History Museum, avevano detto trattarsi d'uno stupefacente ritrovamento relativo ai primi uomini. Intanto venivano scritti al riguardo innumerevoli articoli scientifici e discusse centinaia di tesi di laurea. Finalmente, nell'anno 1949 il dottor Kenneth Oakley del dipartimento di paleontologia dello stesso British Museum aveva voluto tentare un esperimento sui campioni dell'Uomo di Piltdown applicandovi il nuovo metodo del test del fluoro, rivolto a stabilire la data dei fossili, Egli aveva scoperto che l'osso mascellare non presentava traccia di fluoro come avrebbe invece dovuto se fosse rimasto sepolto per cinquecentomila anni e non per un breve periodo. Quanto alla calotta cranica, aveva sì fluoro, ma in minima quantità, il che significava una sepoltura di qualche centinaio di anni soltanto. Ricerche successive avevano determinato che i denti erano appartenuti a un orango ed erano stati artificiosamente logorati per renderli sufficientemente dissimili e che gli strumenti primitivi che avrebbero giaciuto accanto ai presunti fossili ne erano mere imitazioni, prodotte con moderni utensili in ferro. Nel 1953 Joseph Weiner e altri esperti sempre del British Natural History Museum avevano resa nota al pubblico la frode, precisando che il cranio era appartenuto a un uomo aborigeno australiano vissuto solo cinquecento anni prima, che l'osso mascellare era d'un orango morto recentemente e che i suoi denti erano stati disposti ad arte con malizia nella mascella così da imitare quelli umani. Tutti questi oggetti erano poi stati trattati con bicromato di potassio per conferire loro un aspetto antico.

Come avevo scritto in un precedente saggio[25], *"l'evoluzionismo cristiano rifiutava e rifiuta il cosiddetto "anello mancante" di cui sono alla ricerca i darwinisti, una sorta di bestiauomo posta fra l'animale e l'essere umano; i genitori terreni di "Adamo" sono del tutto animali, non semi uomini e insieme semi bestie. Se si trovassero i fossili della specie detta "anello mancante", ciò corroborerebbe la teoria atea darwinista, ma il cristiano ritiene che tali fossili non saranno trovati in quanto non ci sono: è nella Rivelazione che la creazione dalla materia dell'UomoAdamo, cioè della specie umana, "a immagine e somiglianza" di Dio, costituisce un salto verticale nella Creazione, di cui è il compimento. Per solo apparente paradosso dunque, proprio*

---

[25] È Uomo, cit., capitolo II, IL CERVELLO, LA MENTE, L'ANIMA DI FRONTE ALLA SCIENZA, paragrafo *Su Cristianesimo ed evoluzione.*

il mancato ritrovamento dell'anello mancante corrobora l'idea evoluzionista cristiana (contro quella darwinista). Secondo i cattolici evoluzionisti, Dio, semplicemente, a un passaggio generazionale, con un altissimo salto verticale dell'evoluzione nel momento opportuno, infuse l'animamente a figli di preominidi i quali erano ancora bestiali, creando così, in tale nuova generazione, la specie umana d'Adamo. Accettando queste cose, per i credenti era ed è legittimo aderire alla teoria evoluzionista. Questo non toglie che ci siano ancor oggi cattolici che, nella libertà, restano creazionisti così come molti protestanti, pur se la maggioranza del popolo della Chiesa contempla l'evoluzionismo, anche perché l'idea d'una legge dell'evoluzione dettata da Dio appare estetica ed è coerente con l'allegoria della plasmazione del fango dalle mani di Dio (le quali per scrittori ecclesiastici antichi sono metafore del Figlio e dello Spirito Santo) fino a trasformarlo nell'Uomo-Adamo, facendolo a sua immagine e somiglianza (Genesi 1, 2829)".

Sento eccepire, a proposito dell'idea dei primi esseri umani figli di coppie d'animali, che data la bestialità dei genitori, sarebbero state impossibili cure parentali tali da non bloccare la crescita intellettuale degli *adamo* maschi e femmine. Non mi sembra un appunto accettabile: le cure delle madri animali ai loro figli umani dovevano riguardare il mero allattamento nonché la loro protezione dai predatori, a volte attuata con la cooperazione del genitore maschio, alla stregua di quanto avviene ancor oggi per i cuccioli mammiferi più evoluti, e non già la sua formazione culturale, come sarebbe invece presto avvenuto nelle prime famiglie di umani preistorici riducendo così il tempo necessario alla crescita culturale dei piccoli; i primi *adamo,* dopo il tempo dell'allattamento dovevano anzitutto imparare, per imitazione dai genitori, a procurarsi il cibo da soli, e a questo punto le cure parentali finivano; ma la nuova creatura adamitica, dotata di meravigliosa mente umana, non poteva che affinare ulteriormente, da sola nell'esperienza, gl'insegnamenti rudimentali ricevuti. D'altronde anche l'uomo moderno, grazie alla sua prodigiosa psiche (cioè psyché nel Testamento originale greco, anima nella sua traduzione latina e in quella italiana) non impara soltanto e per tutta la vita dai genitori e poi dalla scuola, ma moltissimo da esperienze personali ch'egli acquisisce alla sua coscienza tramite le sinapsi del suo cervello; e questo avviene, almeno, dall'età di tre anni.

Sì, ma tutte queste meraviglie sono avvenute per caso come non pochi credono? e anzitutto: che cosa è il caso? Diciamolo subito: è una fede; meglio lo vedremo nel capitolo 5 al paragrafo intitolato, appunto, *Sul caso come atto di fede*; intanto, nel capitolo che segue adocchiamo le accuse a Dio che possono portare ad aver fede nel cieco caso.

Il saggio è indirizzato a tutti e certamente non intende modificare il pensiero esistenziale di alcuno, dunque le mie brevi osservazioni nel successivo capitoletto 3 sulle accuse degli atei a Dio non hanno carattere, per così dire, catechistico – semmai il catechismo s'indirizza a credenti che vogliano approfondire – ma vorrebbero favorire nel lettore non prossimo alla teologia una sufficiente comprensione del sentire dei credenti. Resta il fatto che, come avevo premesso nella mia breve introduzione, quando l'argomento riguardi la posizione dell'essere umano nel mondo, non si riesce a raggiungere appieno l'oggettività nonostante le migliori intenzioni.

Capitolo 3

Cenni alle accuse degli atei a Dio

Sostengono gli atei scientisti che la specie umana, come pure tutte le altre, è frutto del caso e non di un intelligente disegno divino e che pure la coscienza dell'uomo è un mero prodotto dell'evoluzione degli organismi.

Fra altri scienziati atei si può citare come esempio, per la drasticità di tale sua scelta, un Premio Nobel per la medicina, il biologo Jacques Monod (1910‑1976), che l'aveva divulgata nel celeberrimo saggio "Il caso e la necessità" (trad. Anna Busi, Milano, 1970 e per lo stesso editore in edizione economica 2001) entusiasmando moltissimi lettori nel mondo; senz'altro per il Monod il fondamento dell'evoluzione era il caso puro in una libertà del tutto cieca e l'uomo non sarebbe stato nient'altro che un numero uscito per estrazione casuale da un'urna contenente miliardi e miliardi di altri numeri: non mi riesce di capire il motivo di tanto entusiasmo fra il pubblico.

Il concetto d'evoluzionismo autonomo slegato metafisicamente da un Fattore trascendente, cioè il cosiddetto autoevoluzionismo, s'accompagna alla tesi dell'inesistenza di un Dio personale, la quale ha seme in considerazioni che sono le stesse degli atei del passato:

Si afferma che il mondo non ha avuto bisogno d'un

Creatore per esserci ma è da sempre esistito; e dopo la congettura del Big Bang è stato introdotto il concetto d'un continuo alternarsi, nel corso dei miliardi di anni, di svariati Big Bang d'espansione e Big Crash di contrazione dell'universotempo, i secondi, secondo gli scienziati non religiosi, non annichilendo del tutto l'esistente ma solo minimizzandolo fin al punto di renderlo impercettibile -si veda anche, in merito all'alternanza di Big Bang e Big Crash, il capitolo 5 *Discussioni a volte inutili*, verso l'inizio ; tale sentire s'accompagna però frequentemente non a un radicale ateismo, ma a un sentire panteista, e in tali casi siamo nel campo della fede religiosa anche se non sempre, forse, i credenti in un diouniverso avvertono d'avere una fede. Si dichiara da parte atea che il Dio personale è una figura storicamente inventata e scaldata in cuore dall'uomo a scopo consolatorio: la fede in Dio sarebbe una sorta d'analgesico contro il terrore della morte e la fatica del vivere, assunto da esseri umani bisognosi di consolazione e aventi perciò, secondo gli atei, poca dignità.

Tra i molti altri, Marx ed Engels con la loro idea della religione quale oppio dei popoli, essendo ai loro tempi l'oppio usato in medicina come antidolorifico, un'idea peraltro non originale ma assai comune nel XIX secolo presso gli scientisti.

Per altri avversari dell'idea di Dio, addirittura la fede in lui sarebbe stata storicamente instillata nel popolo da autorità religiose nel proprio interesse.

L'accusa che gli esseri umani avrebbero inventato a scopo consolatorio Dio non è stata provata, esattamente come di Dio non è stata dimostrata l'esistenza, si tratta in tutti e due i casi di mera fede. Invece quanto alla seconda denuncia, si può osservare che contiene qualcosa di vero, cioè che certi capi spirituali, anche anticamente come certi sacerdoti del tempio di Gerusalemme e pontefici di culti pagani, avevano sicuramente approfittato della fede popolare in funzione del potere e della prosperità personali; eppure resta il fatto storico che, sicuramente, nessuno di loro aveva inventato l'idea di Dio per salire al potere: questa era già nei cuori dapprima.

Molte sono state le giuste accuse a certi capi della Chiesa sicuramente colpevoli di simonia o di altri peccati. In ambiente pagano si possono ricordare, a titolo d'esempio, i rimproveri di contemporanei al pontefice massimo Giulio Cesare di approfittare della religione non solo avendo vergognosamente comprato la stessa carica di pontifex maximus, ma ammettendo una volta eletto, evidentemente per averne vantaggi, l'esercizio in luogo sacro di fornicazione prezzolata di vergini vestali con senatori lascivi, nonché nello stesso luogo di incesti e osceni sacrifici blasfemi da parte di certi amici debosciati. Nell'ebraismo antico si possono rammentare le accuse al sommo sacerdote Giosuè (da non confondere col capopopolo successore di Mosè, vissuto sette secoli prima), che si ritrovano in forma favolosa, come denuncia del satana davanti al tribunale celeste di Dio, nel libro biblico del profeta Zaccaria: una visione che ricalca allegoricamente l'accusa concreta indirizzata dal popolo ebraico a quel sommo sacerdote davanti al tribunale; ecco il testo: *"Mi fece vedere il sommo sacerdote Giosuè che stava davanti all'angelo del Signore, e Satana che stava alla sua destra per accusarlo. Il Signore disse a Satana: «Ti sgridi il Signore, Satana! Ti sgridi il Signore che ha scelto Gerusalemme! Non è forse costui un tizzone strappato dal fuoco?». Giosuè era vestito di vesti sudice, e stava davanti all'angelo. L'angelo disse a quelli che gli stavano davanti: «Levategli di dosso le vesti sudice!» Poi disse a Giosuè: «Guarda, io ti ho tolto di dosso la tua iniquità e ti ho rivestito di abiti magnifici». Allora io dissi: «Gli sia messo sul capo un turbante pulito!» Quelli gli posero sul capo un turbante pulito e gli misero delle vesti; l'angelo del Signore era presente. Poi l'angelo del Signore fece a Giosuè questo solenne ammonimento: «Così parla il Signore degli eserciti: "Se tu cammini nelle mie vie e osservi quello che ti ho comandato, anche tu governerai la mia casa, custodirai i miei cortili e io ti darò libero accesso fra quelli che stanno qui davanti a me"»* (Zaccaria 3, 16): nell'Antico testamento il satana, nell'originale scritto con l'articolo, cioè l'Accusatore, non è il diavolo del Cristianesimo, ma una sorta di pubblico ministero di Dio davanti al tribunale divino che accusa gli uomini di colpe, affinché il Signore li giudichi, un po' come facevano gl'ispettori reali dell'impero persiano di fronte al loro re, un impero sotto cui Israele si trovava dal VI secolo a.C. A proposito d'accuse in ambiente ebraico, e che accuse! si possono leggere inoltre, nei Vangeli canonici, gli aspri rimproveri di Gesù ai capi del tempio e del sinedrio e agli scribi che ruotavano loro attorno, che il Nazareno accusava tutti, senza mezzi termini, d'avvalersi della Legge – il Pentateuco biblico – soltanto per il loro potere personale. Gesù non lanciava invece accuse agli occupanti romani: non perché non ne disapprovasse la violenza, ma perché ne sarebbero seguite ritorsioni sanguinose sulla popolazione giudaica: è celeberrima la sua asserzione di dare a (Tiberio) Cesare quel che è di Cesare e a Dio quel che è di Dio, anche se di norma se ne fraintende il senso raccogliendo l'idea errata che Gesù invitasse a non occuparsi di politica, proprio al contrario di quanto, per senso di giustizia, egli stesso faceva verso il potere interno ebraico. Certo è tuttavia che non era politico il suo fine essenziale e ch'era invece tale la salvezza spirituale del popolo.

Gli atei aumentano però la dose affermando che Dio, perfetto in bontà e potenza per definizione, non può esistere dato che nel mondo c'è il male: secondo loro, un Dio buono che non lo impedisse non sarebbe onnipotente, cioè non sarebbe Dio, oppure se fosse onnipotente e permettesse il male, sarebbe egli stesso maligno e, parimenti, non sarebbe Dio.

Si può notare curiosamente che si colloca entro tal ultimo sentire la teologia invertita del de Sade, autore che a far capo dal XX secolo è stato molto apprezzato da certa *intellighenzia:* una teologia sulfurea basata sull'idea di Natura violenta e sopraffattrice, sorta di divinità maligna panteista, e su quella della virtù come qualcosa di artificioso e addirittura di riprovevole perché, sempre secondo il de Sade, contronatura: proprio all'incontrario del Cristianesimo che predica la sublimazione della persona per avvicinarsi alla purezza umana di Gesù Cristo riportata dai Vangeli, cioè gli sforzi dell'uomo per costringere la propria parte naturalebestiale violenta ed egocentrica (potremmo in certo senso dire *demoniaca*) ed elevare la propria animamente alla mitezza caritatevole di Dio.

Si tratta di rispondere loro considerando sia il male fatto dall'uomo – peccato – sia il male detto di natura.

Esaminando anzitutto il primo, osserviamo che quei critici non conoscono la classica fede esistenziale cristiana, per la quale l'uomo non è un fantoccio in mano a Dio, ma è da lui creato libero, cioè capace di scelte di bene e di male verso gli altri.

Non tuttavia per i cristiani seguaci di Lutero e di Calvino secondo i quali non c'è libertà di scelta ed essenziale alla Salvezza è la sola fede: "Credi e sarai salvo". Può essere interessante notare che il padre del positivismo francese

Auguste Compte (1798 1857), che predicava una religione laica dell'umanità, nella sua critica alla religione teologica aveva presente non tanto la Chiesa e, in generale, il Cristianesimo basato sulla libertà dell'uomo e, dunque, sul valore delle sue scelte personali buone, ma in primo luogo quello calvinista e predestinazionista francese, per il quale su ogni cosa faceva premio la fede nella brama di salvezza eterna e nella paura di non esserne stati predestinati da Dio.

Prescindendo dalla riforma predestinazionista luterana e calvinista del XVI secolo e restando al Cristianesimo classico, al quale il Concilio Vaticano II ha cercato di riportare la Chiesa, la fede esistenziale cristiana, già predicata nel I secolo dagli apostoli, recita che il male fatto all'uomo dall'altro uomo non viene impedito da Dio proprio per non togliere la libertà che il Creatore ha concesso a ogni persona umana per amore, in quanto la libertà è oggettivamente un bene, anzi è la condizione per qualunque altro bene veniente dall'essere umano, mentre la schiavitù, anche se dorata, è un male.

Questo potrebbe scandalizzare qualcuno? Forse, ché so di chi preferirebbe vivere in un mondo senza dolore e colmo di piaceri pur a costo d'essere un burattino manovrato da Dio; e però non per questo la libertà cessa d'essere un bene oggettivo, essendo essa indispensabile alla dignità umana: a quella dignità cui, giustamente, tengono coloro che, per assurdo, negano Dio proprio a causa dell'esistenza del peccato nel mondo.

L'amore attivo verso chi s'incontra viene prima di tutto il resto secondo la dottrina della Chiesa, la carità precede in importanza la stessa fede, tant'è vero che secondo la proclamazione *Lumen Gentium* del Concilio Vaticano II tutti gli uomini di carità si salvano anche se atei; la quale carità non è però egoisticamente strumentale alla propria, cosiddetta, Salvezza eterna, ché se no non sarebbe amore ma calcolo, anche se contempla la vita eterna come naturale conseguenza dell'amare.

In secondo luogo, relativamente al diverso male che aggredisce l'uomo, quello non causato da un'altra persona ma dalla natura, come malattie e terremoti, i negatori di Dio ritornano alla stessa conclusione, che Dio non è la figura perfetta di cui dice la fede giudeocristiana e dunque non è esistente; essi, pur contemplando l'evoluzione fisica dell'universo e sapendola necessaria a quella biologica, non realizzano che il nascere della vita sulla Terra e il suo esistere fino a raggiungere il vertice umano avviene in un cosmo non spirituale e immutabile, bensì materiale e soggetto al tempo, con tutti i limiti cioè della materia e del divenire, così com'è il pianeta Terra che, nell'evoluzione fisica, è giunto a essere costituito in modo tale, bacteri compresi – prime forme di vita secondo la teoria evolutiva –, da consentire il sorgere della vita stessa e il suo prosperare fino a giungere all'apice dell'Homo sapiens sapiens; e proprio da questa stessa struttura del nostro mondo deriva il cosiddetto male di natura contro gli esseri umani, cioè i fenomeni a volte dannosi all'uomo collegati inscindibilmente alla conformazione del nostro pianeta, come i citati terremoti, gli tsunami, le eruzioni vulcaniche e come la stessa forza di gravità per la quale, ad esempio, un masso può precipitare su di una persona uccidendola. Certamente su di un mondo morto come la Luna non ci sono tsunami e altri consimili accidenti naturali, ma nemmeno vi è apparsa la vita. L'immagine che quei critici hanno di una creazione divina perfetta appare irreale, il Dio che essi immaginano è frutto della loro fantasia, non è il

Creatore che troviamo nella Rivelazione; la loro idea di mondo perfetto è quella d'un plèroma spirituale incorruttibile popolato da creature angeliche, non materiale e transeunte come il nostro universo ospitante uomini e non angeli, e non ha nulla a che fare col Dio della religione giudaica e col Dio uno e trino del credo cristiano, fedi che un tale mondo spirituale perfetto, cioè Dio stesso, prospettano soltanto per il dopo morte della persona, nella trasformazione della stessa in essere umano *glorioso spirituale* come recita il Nuovo Testamento nella prima lettera ai Corinzi di san Paolo.[26]

---

[26] Ai tempi di Gesù, diversamente, l'ebraismo farisaico immaginava non una risurrezione trascendente ma materiale alla fine dei tempi, *sotto nuovi cieli e su di una nuova terra* – come leggiamo pure, allegoricamente, nella giudeocristiana Apocalisse – cioè un rinascere belli, sani e incorruttibili in un nuovo mondo fisico ottimo.

Capitolo 4

Filosofia, ideologia e ricerca scientifica

Se, come s'era detto, l'atto di fede nell'esistenza d'un mondo oggettivo è il primo supporto della ricerca scientifica, c'è anche un'altra base, che posa immediatamente sopra quell'atto di fede fondamentale, vale a dire l'accoglienza d'una epistemologia, o personale o altrui come la diffusa filosofia della scienza di Karl Raimund Popper (1902 -1994) con la sua idea della provvisorietà e falsificabilità del dato scientifico. La filosofia però non entra in gioco solo come epistemologia, giocano pure di solito, nella mente dello scienziato, riflessioni metafisiche e i suoi ragionamenti ontologici possono portarlo o a un credo in un Essere personale trascendente o, diversamente, come avevamo già scorto, a escluderne l'esistenza oppure a credere a un cosmo panteista, cioè immanente e sperimentabile ma vivificato da uno spirito non individuabile in sé ma solo intuibile grazie alle comprensibili leggi logiche dell'universo che emanerebbero da quello stesso spirito cosmico, tra cui quelle evolutive universale e biologica: questa poteva essere la posizione di Alfred Russel Wallace. D'altro canto, anche a base della scelta per il casualismo può esserci una filosofia, ad esempio il positivismo per Charles Darwin e per certi scienziati e matematici del XX secolo il pensiero nichilista ateo di JeanPaul Sartre. Va notato tuttavia che, in certi casi, a base dell'opzione atea d'uno studioso può non esserci una profonda riflessione, ma piuttosto l'istinto: ne possono essere cause esperienze o contatti negativi con la sfera del religioso, ad esempio una troppo rigida educazione in collegi clericali, storie poi cacciate, forse, nel profondo della memoria, ma ancor fonti d'impulsi ostili al mondo ecclesiastico; oppure la spinta può venire da un anticlericalismo infiammato dalla conoscenza di certi gravi errori o persino misfatti storici di membri delle gerarchie religiose, come quelli compiuti tramite i collegi giudicanti dell'Inquisizione e i tribunali religiosi delle varie correnti protestanti eretti parallelamente ai primi e con pari intensità, cose che portano i meno provveduti in materia, anche se dotti in altri campi, a ritenere che il Creatore non sarebbe amoroso permettendo tali nefandezze ma sarebbe, quanto meno, un indifferente, inducendoli a credere all'esistenza del solo universo conosciuto e non di Dio – v. in linea più generale il capitolo precedente –: simili opzioni possono dirsi ideologiche.

Tra altri equivoci sul Cristianesimo è assai diffusa l'idea che siano fondamentali alla sua essenza le scelte di bene e gli atti buoni che ne derivano e che i peccati di cristiani e soprattutto di vertici ecclesiastici ne minino le fondamenta teologiche. No, il Cristianesimo non è attaccato o addirittura distrutto dai peccati perché si fonda esclusivamente su di un fatto, il fatto della risurrezione di Gesù Cristo testimoniato e predicato da apostoli e discepoli quale fatto storico: se Cristo non fosse davvero risorto dimostrando così di essere Dio e non solo uomo, pur se la Chiesa fosse stata tutta composta nel corso di due millenni di miti santi, la fede in lui sarebbe del tutto vana, come scriveva già alla metà del I secolo, poco più di vent'anni dopo la Crocifissione per antonomasia, san Paolo nella 1ª lettera ai Corinzi (15, 17); in altre parole, secondo la fede, Cristo risorto da morte nell'anno 30 del I secolo aveva salvato l'essere umano d'ogni tempo indipendentemente dalle porcherie e dalle asinate tragiche di certi credenti. Questo non significa ovviamente che tali cose non creino giusto scandalo.

Gli scienziati credenti in Dio, da parte loro, basandosi su ragionamenti metafisici ed eventualmente sulla Rivelazione, accolgono l'idea dell'Essere personale e individuano il valore natio dell'essere umano nel suo esser voluto e creato da Dio per amore, senza con questo ch'essi pensino ne sia sminuito il successivo merito esistenziale della persona. Nondimeno ci sono coloro che non si dichiarano né atei né credenti, bensì agnostici, anzi oggigiorno nel mondo occidentale o occidentalizzato è così per la maggioranza della popolazione, per quanto, tante volte, più che di agnosticismo vero e proprio si tratti di mera indifferenza godereccia e beota di fronte alle grandi domande esistenziali; ci sono tuttavia persone di cultura che fanno meditate opzioni per l'agnosticismo e tali scelte riguardano la percentuale più alta degli scienziati, mentre la minoranza, sia pur significativa, si dichiara credente oppure atea; o così almeno risulta da due ricerche statistiche, peraltro non recentissime, l'una, piuttosto nota anche perché diffusa sul Web, svolta dall'Accademia delle Scienze statunitense fra i propri membri, l'altra realizzata in Italia dal sociologo Franco Garelli e pubblicata nell'opera di autori vari "Valori, scienza e trascendenza" edita dalla Fondazione Agnelli nel 1989. Passati più di vent'anni, la situazione potrebbe essere mutata. Forse con un aumento degli agnostici? O degli atei? Non dei credenti, immagino, se si rapporti l'universo scientifico a quello della società intera.

Capitolo 5

Discussioni a volte inutili

Quando s'accendono discussioni su teorie scientifiche, prima di farsi coinvolgere è bene verificare ch'esse non vertano su filosofia o teologia, ma su dati dell'esperienza. Si evita così di contribuire alla confusione fra scienza e non scienza come sovente avviene fra evoluzionisti e creazionisti e, nell'àmbito dei primi, fra quelli atei casualisti e quelli che credono a un progetto divino.

Per quanto riguarda l'evoluzione cosmica dagli inizi dell'universo secondo la teoria del Big Bang, inutile sarebbe discuterne la causa: l'astrofisica vuole solo comprendere come questa grande esplosioneespansione sia avvenuta e continui, non cerca di capire perché ci sia il cosmo invece del nulla. Non che gli astrofisici non si facciano idee personali al riguardo, anzi come avevamo visto ciò è normale, ma sempre intendendo che non si tratta di congetture scientifiche ma di intime posizioni ontologiche; così il cosmologo credente pensa in sé stesso alla Creazione dell'universo in un iniziale Big Bang d'origine divina; così l'ateo può immaginare un cosmo da sempre esistito in una rotazione fra successivi Big Bang e Big Crash, con altrettante espansioni da un niente, o da un quid infinitesimo inafferrabile sperimentalmente, e corrispondenti contrazioni riportanti l'universo a quell'infinitesimo quid che sfugge all'esperienza, o a quel nulla; diversamente, in certi ambienti astronomici spiritualisti ma non religiosi si può supporre che uno spirito universale animi i successivi Big Bang, quello spirito cosmico di cui già avevamo parlato e che tuttavia, proprio come il Creatore personale, mai è stato dimostrato ***Filosofia, ideologia e ricerca scientifica*** per via di esperimento perché sarebbe semplicemente impossibile. Inutile, d'altro canto, sarebbe discutere sulla causa prima dell'evoluzione biologica, dato che pure qui sono fondamentali per la scelta i ragionamenti metafisici del singolo naturalista onde, anche in tale campo, gli uni sono atei casualisti, gli altri credenti in Dio, gli altri ancòra congetturanti l'esistenza d'uno spirito universale: pare che questi ultimi ritengano l'ipotesi panteista più razionale di quella del Dio personale creatore e ordinatore del mondo-tempo, ma io non ne capisco il perché, visto che le due idee sono alla pari, entrambe senza prove scientifiche e fondate sul mero ragionamento sfociante, infine, in una o in un'altra fede. D'altra parte, e l'avevo già riferito di sfuggita, anche la scelta casualista non fa parte della scienza e si risolve in mera fede.

Per inciso: L'idea darwinista delle mutazioni casuali è insegnata nella scuola dell'obbligo e in quella superiore nell'ora di scienze, come parte della teoria dell'evoluzione; ma l'ipotesi che sia il caso a produrre tali mutazioni dovrebbe riguardare piuttosto l'ora di filosofia, non avendo il caso nulla di scientificosperimentale come vedremo subito dopo; e così pure, qualora lo studio dell'*intelligent design* si volesse inserire a sua volta nei programmi, esso non dovrebbe riguardare l'ora di scienze, ma quelle di filosofia e di religione; e il confronto in campo metafisico potrebbe rivelarsi proficuo per sgombrare la confusione fra scienza sperimentale e ipotesi metafisiche.

Sul caso come atto di fede

Caso è una parola che etichetta la nostra ignoranza delle cause ogni volta ch'esse siano non identificabili e quindi non verificabili perché estremamente complesse. Prescindendo dalla teoria dei giochi che si basa sull'astratta probabilità logica senza riscontri fisici, il dire che qualcosa di concreto avviene per caso è come ammettere che s'ignorano le cause del fenomeno; se infatti, ad esempio, l'uscita teorica d'una certa faccia d'un dado ha matematicamente $^1/_6$ di possibilità, nella realtà il risultato d'un *singolo* lancio *empirico* dipende da innumerevoli fattori, come la forza e altre caratteristiche del braccio e della mano che lancia, l'elasticità del piano su cui il dado è lanciato, la composizione materiale, d'osso, di legno o plastica, del dado, il suo essere fabbricato in modo più o meno perfetto, le condizioni atmosferiche e così via; se tutti quei fattori si conoscessero, si potrebbe prevedere anticipatamente il risultato; viceversa, poiché non è possibile rilevare quell'insieme troppo complesso di perché, si parla di caso, mentre dovrebbe parlarsi d'ignoranza delle cause.

Questo esempio, poi generalmente noto, fu ideato dal professor Enrico Medi (19111974), grande fisico, credente, autore della prima tesi al mondo sul neutrone e delle prime esperienze sul radar nonché realizzatore di studi sulle fasce ionizzanti dell'alta atmosfera, studi che sarebbero stati avvalorati, qualche anno dopo, dal fisico statunitense James Van Allen (19142006), scopritore delle fasce radioattive attorno alla Terra le quali, dal suo nome, sono state chiamate di Van Allen.

Si noti che le mutazioni contemplate dalla teoria

dell'evoluzione derivano da un ben maggior numero di sconosciute cause fisiche rispetto a quelle che intervengono nel semplice tiro d'un dado e dunque, a maggior ragione, parlare di casualità delle mutazioni è molto comodo, ma non è scientifico. La causa dell'evoluzione non è stata, a tutt'oggi, determinata scientificamente, cioè sperimentalmente, proprio come per la CausaPrimaDio cui si può credere per fede, oppure no, e perciò indicare il caso quale causa dell'evoluzione è semplicemente un esprimere, analogamente, un atto di fede.

Su ipotesi metafisica e sua corroborazione o falsificazione sperimentale

D'altro canto, poiché nemmeno un'ipotesi metafisica può essere contraddittoria rispetto ai dati dell'esperienza, sia il credente evoluzionista sia quello creazionista non solo non devono rifiutare, ma devono considerare, fino a un'eventuale prova contraria successiva, i risultati dell'esperimento i quali, a mano a mano, corroborano una congettura oppure, a un certo punto, la falsificano fornendo la prova contraria.

Qualche esempio: Era stata scientifica la geocentrica teoria tolemaica, in quanto fondata su esperienze e perché potenzialmente falsificabile da nuovi e diversi esperimenti, pur se, a un certo punto, s'era scoperto, su nuovi dati, ch'essa era da respingere, ond'era stato vanificato il punto di vista filosofico aristotelico sull'universo; e sarebbe oggi estravagante, affidandosi semplicemente ai fallaci sensi che percepiscono il Sole girare attorno alla Terra, concepire secondo la visione aristotelicotolemaica il nostro mondo centrale agli altri pianeti e alle stelle, contro la dimostrazione logico-matematica contraria di Newton e la prova empirica sulla rotazione terrestre raccolta a Parigi nel 1851, con l'esperimento del pendolo di Foucault, verifica che, ovviamente, implicava la rivoluzione del nostro globo. Allo stesso modo, in campo naturalistico l'idea di Linneo che le specie fossero immutate fin dall'inizio dei tempi, così come pure si riteneva nella Chiesa, era da ritenersi, per le stesse ragioni, scientifica, dico scientifica, non senz'altro vera, nel suo tempo che non conosceva i fossili per sé stessi e li riteneva curiose formazioni naturali; oggigiorno invece i ritrovamenti e gli studi sui fossili e sugli strati del terreno in cui sono stati rinvenuti, che consentono di stabilirne già all'ingrosso l'anzianità, unitamente ai precisi metodi radiometrici di datazione, sono tali e tanti che anche per molti membri dei vertici e in generale dell'intellighenzia della Chiesa, fra cui, come meglio vedremo nel capitolo 8 intitolato *Pareri di alcuni fra gli ultimi Papi*, il defunto Pontefice Giovanni Paolo II, non si tratta più di una mera ipotesi, ma di una teoria scientifica, non solo essendo sufficientemente corroborata dai ritrovamenti, ma potendosene trovare indizio nella mutazione di bacteri, a proprio baluardo, dall'azione d'un determinato antibiotico, per la quale la farmacologia deve industriarsi, via, via, per creare nuovi antibiotici a difesa dell'uomo: semplice indizio, sia chiaro, non prova, in quanto le mutazioni non hanno portato fino a oggi a nuove specie di quei bacteri.

Su dibattiti pseudo scientifici a proposito di evoluzione

Prescindiamo, per il momento, dall'area credente creazionista: ne parleremo nel successivo capitolo, dedicato interamente a essa.

Nel campo dell'evoluzionismo assistiamo a dibattiti

fuorviati e fuorvianti, estranei alla scienza, fra atei, che non credono a un Creatore, e quei credenti che intendono Dio come Creatore ed Evolutore: lo hanno fatto notare anche gli scienziati evoluzionisti più attenti. Fra questi troviamo Carlo Soave, laico e professore di Fisiologia Vegetale nell'Università degli Studi di Milano, e Fiorenzo Facchini, sacerdote cattolico e docente di Antropologia e Paleontologia nell'Università di Bologna. Essi in un pubblico incontro [27] hanno fra l'altro affermato quanto segue:

Il professor Facchini ha osservato che c'è "*una notevole aggressività da parte di chi afferma il darwinismo come teoria prettamente scientifica, evitando di affermare che c'è una componente ideologicofilosofica che soggiace a questo discorso scientifico*"; e d'altronde "*è vero che la scienza è il metodo sperimentale, ma è possibile, osservando e raccogliendo dei dati sperimentali senza un'ipotesi interpretativa, capirli?* ' **Ipotesis non fingo** ' *diceva Newton. [...] La comparsa dell'uomo può essere individuata empiricamente, c'è anche chi dice che l'uomo sia solo l'Homo sapiens perché dotato di capacità astrattiva, ma, che io lo individui più in alto o più in basso rispetto a una scala scientifica, mette tutti d'accordo il fatto che* [la comparsa] *ci sia stata: non credo che la creazione appartenga all'irrazionale, perché se tutto ciò che non è spiegabile appartiene alla sfera dell'irrazionale, allora la maggior parte* di *ciò che compone la società è irrazionale. Non è vero che non si possa parlare della creazione perché sarebbe filosofico, allora la filosofia è irrazionale? Non è così,*

---

[27] Nell'incontro "Evoluzionismo, teoria o ideologia?", il 22 novembre 2005 presso il CMC -CENTRO CULTURALE DI MILANO , Via Zebedia, 2, 20123 Milano, per il ciclo di incontri *Scienza e modernità*, con gli interventi di Soave Carlo, docente di Fisiologia Vegetale nell'Università degli Studi di Milano, Facchini Fiorenzo, docente di antropologia e Paleontologia nell'Università di Bologna, introduzione di Gargantini Mario, giornalista scientifico

*usando i termini giusti dovremmo semplicemente dire che la
filosofia non è sperimentale, perché se tutto ciò che non è
spiegabile appartiene alla sfera dell'irrazionale, allora la
maggior parte di ciò che compone la società è irrazionale"*.

Insomma, se è vero che l'idea di creazione divina non fa
parte del campo della scienza, però essa non è affatto
contraria alla scienza.   Poiché le teorie evoluzioniste atee
pongono la natura come alternativa a Dio creatore, ci si può
chiedere se la natura stessa sia sufficiente a condurre
l'evoluzione (autoevoluzionismo) e prima ancora, a spiegarne
l'origine.

Ha risposto il professor Soave: *"A me sembra che le due
cose non stiano sullo stesso piano: l'evoluzione cerca di
spiegare come funziona l'esistente, ma non spiega l'esistente.
[...] Domanda: 'Perché c'è l'esistente'?"*; *ciò che io posso
cercar di capire è la logica che fa modificare questi viventi,
ma non riesco a spiegare il perché essi esistano. Io capisco
che il punto di contemplazione del mistero dell'esistente è
molto provocante ed è difficile sostenere un domanda del
genere tutti i giorni, allora io cerco di spiegare tramite la
scienza, ma in fondo cosa spiego? Nulla, io posso solo intuire
cosa opera al suo interno: tutto ciò che si può fare è tentare
di capire come funziona l'esistente, ma non si può mettere la
questione sullo stesso piano"*.

Ha dichiarato il professor Facchini: *"L'evoluzione è un
concetto che appartiene all'osservazione empirica, al mondo
della scienza, il concetto della creazione invece è un concetto
filosofico. Premesso questo è però vero che ciò che esiste si
evolve e quindi l'evoluzione suppone la creazione (già
Giovanni Paolo II nel 1985 in un simposio su Fede ed
Evoluzione rivelava proprio questo concetto) e la creazione
si pone sotto la luce dell'evoluzione come un avvenimento*

che si estende nel tempo. Ma come possiamo immaginare noi questo rapporto di una realtà che cambia nel tempo? Dobbiamo vederlo come un rapporto costante: il rapporto di Dio con la creazione è un rapporto costante. Certo nelle questioni dell'uomo c'è forse anche di più, ma qui si va a finire in un punto che sempre Giovanni Paolo II ha più volte rimarcato nella sua apertura alle teorie dell'evoluzione, ovvero che nel caso dell'uomo c'è un salto ontologico. Alla luce anche di ciò che ho esposto prima, vedrei tale salto nella discontinuità, [...] dal punto di vista filosofico mi sentirei di dire che la natura di questa discontinuità è espressa da un principio spirituale che non è nelle potenzialità della materia ma è voluto da Dio creatore. Per intenderci: l'anima è inclusa nei geni dei genitori, ma c'è un'altra volontà che esige l'individuo in quella determinata maniera, con un corpo e con l'anima".

Nel citato incontro, tanto Carlo Soave quanto Fiorenzo Facchini hanno affermato inoltre, in pieno accordo, che il darwinismo è sì una teoria scientifica, ma non è provato ch'essa sia corretta fino in fondo come, d'altronde, moltissime altre teorie scientifiche che, proprio come l'evoluzionismo darwiniano, subiscono varianti nel tempo e i cui ultimi aggiornamenti portano a modifiche molto significative.

Su alcune figure di scienziati credenti e di scienziati atei: cenni

Ha scritto in un suo libro divulgativo il fisico subnucleare cattolico Antonio Zichichi [28]: "*Nata con un atto di Fede nel Creato, la Scienza non ha mai tradito il Suo Padre. Essa ha*

---

[28] "Perché io credo in Colui che ha fatto il mondo", Milano, 1999.

scoperto -nell'Immanente -nuove leggi, nuovi fenomeni, inaspettate regolarità, senza però mai scalfire, anche in minima parte, il Trascendente".

Teniamo presente che molte parti della Rivelazione giudeocristiana sono in forma allegorica, cominciando dal libro della Genesi, onde la fede religiosa non può cadere per il confronto fra quei versetti, come il celeberrimo "Fermati o Sole" nel libro di Giosuè (10,12-14), e i risultati della scienza, checché ne temessero certi membri della gerarchia ecclesiastica del passato. Si noti che erano tutti credenti gli eliocentristi Copernico, Keplero, Galileo e Newton e che, in particolare, il Galilei era rimasto, fino al termine della propria vita, un convinto cattolico praticante, da uomo intelligente qual era che sapeva distinguere tra fede in Cristo e certi censori ecclesiastici, nonostante l'ingiusta condanna agli arresti domiciliari nella sua villa di Arcetri col divieto d'insegnamento; e tutti quegli scienziati ammiravano e studiavano l'universo intendendolo, con fede, quale meravigliosa opera divina, senza che per questo venisse meno il rigore della loro ricerca; non per nulla, tornando a Galileo, egli aveva ripetuto davanti ai suoi inquisitori quant'era già stato, in sostanza, nel pensiero di sant'Agostino che, a proposito di certe affermazioni bibliche, aveva scritto: "*Il Signore voleva fare dei cristiani, non degli scienziati*"; traslando l'affermazione di Galileo in italiano contemporaneo, lo scienziato aveva detto: "*Lo Spirito santo ci dice come si va in Cielo, e non come è il cielo*"; alla lettera, nella lingua del suo tempo: "*L'intenzione dello Spirito santo essere d'insegnarci come si vadia al cielo, e non vadia il cielo*". Lo stesso si può dire per altri scienziati credenti dell'età moderna: tra i più noti, il matematico e fisico Blaise Pascal, il biologo Gregor Johann Mendel, il fisico matematico James Clerk Maxwell, il chimico e biologo Louis Pasteur; e citando solo un paio degli scienziati credenti a noi più vicini nel tempo e italiani, il fisico Enrico Medi e il fisico subnucleare Antonino Zichichi: entrambi   hanno resistito coraggiosamente a critiche da parte atea ricevute, nonostante i loro meriti scientifici, solo a causa della loro fede nel Trascendente. Non solo in Italia, ma nell'intero mondo scientifico i credenti ricevono attacchi; avevo citato in un mio saggio precedente [29] il caso del biologo e neurologo John Eccles, scrivendo fra l'altro: "*A proposito di tali accuse, l'Eccles scriveva ch'esse derivavano da ignoranza e pregiudizio e, come aveva poi potuto verificare, fors'anche da malafede; si diceva infatti falsamente ch'egli parlasse di anima nei suoi lavori, mentre aveva detto sempre mente, e s'era giunti al punto d'intitolare un incontro con lui, tenutosi nel 1969 nel campus di Berkeley in California, "Il cervello e l'anima": il testo della sua conferenza, in cui risultava esclusivamente la parola mente, da lui inviato per pubblicazione alla rivista dell'università affinché le sue idee fossero chiare a tutti, compresi coloro che non erano intervenuti alla conferenza e ne conosceva soltanto il titolo, semplicemente non era stato pubblicato*". Eppure, "*l'Eccles è sempre rimasto certo che quando una congettura scientifica è dimostrata falsa da un confronto con dati sperimentali, scoprendosi così che la verità è altrove, si è di fronte a una vittoria della scienza*": evidente è il suo rigore.

Si potrebbero aggiungere due grandi figure scientifiche non aderenti a una religione ma teiste, Albert Einstein e Max Planck. È tuttavia solo dagli anni '60 del XX secolo che gli scienziati credenti vengono attaccati da colleghi scienziati atei quando non nascondano la loro fede; e pare d'altro canto che

---

[29] "È Uomo", cit., cap. II,   IL CERVELLO, LA MENTE, L'ANIMA DI FRONTE ALLA SCIENZA, paragrafo "*Approcci ad animamente in neurobiologia e psichiatria*". Disponibile l'ebook gratuito dell'opera: http://www.lulu.com/shop/guido-pagliarino/%C3%A8uomosaggioedizioneeconomica/ebook/product-17554412.html

in maggioranza essi preferiscano non sbandierarla, proprio per lavorare più tranquilli. Una campagna filosofica, o ideologica, contro i credi trascendenti, che per il suo obiettivo è estranea alla scienza, viene combattuta da scienziati celebri, come il già citato, e ormai defunto, Jacques Monod e come l'astrofisico Stephen Hawking, il filosofo della scienza e studioso della mente Daniel Clement Dennet, il fisico Steven Weinberg, l'etologo e biologo Richard Dawkins, che si sono adoperati tutti, nel divulgare presso il vasto pubblico le loro scoperte, diffondendo il loro sentire ontologico ateo, ponendo forti dubbi sull'esistenza di Dio o, addirittura, negandola. S'aggiungono, in Italia, note figure scientifiche conosciute dal grande pubblico televisivo, come l'astrofisica Margherita Hack († 2013) e il logicomatematico Piergiorgio Odifreddi che non solo è ateo, ma dichiaratamente anticattolico.

Capitolo 6

Sul creazionismofissismo

Di norma gli evoluzionisti positivisti dell'800 e dei primi decenni del '900 segregavano il creazionismo entro il libro della Genesi con la sua narrazione della creazione del mondo nel corso di sei giorni e dell'uomo al sesto, ritenendo che tutti i credenti delle religioni dette "del Libro" prendessero quella storia alla lettera. Era invece così solo per una parte dei fedeli, per quelli cioè di poca o nessuna cultura teologica, e oggi è così soltanto in certi piccoli movimenti religiosi fondamentalisti. Quegli scientisti del passato, anch'essi normalmente privi di profonde cognizioni teologiche, erano stati troppo frettolosi nel giudicare il sentire dei credenti. Da tempo è però noto anche ai darwinisti che il creazionismo non è così semplicistico e ingenuo come credevano i loro predecessori. È ovvio che tutti i credenti odierni, siano essi evoluzionisti o creazionisti, intendono i sei giorni della Creazione come ere, rilevando l'allegoria della descrizione biblica e il suo contenere in metafora l'apparire non sincronico ma in tempi diversi delle diverse specie, sempre più complesse fino ad Adamo, o il Plasmato come lo chiamavano gli scrittori ecclesiastici antichi.

Per quanto concerne in particolare i cristiani creazionisti, non solo non pensano a una creazione concomitante di tutti gli esseri viventi, ma ritengono che Adamo sia nato in tempi relativamente vicini; inoltre, considerando i fossili di specie non più esistenti, pensano a una sparizione, via, via, di certi organismi, come quella celebre dei dinosauri, osservando nondimeno che certe specie ormai antichissime resistono in vita senz'essersi, almeno al momento, estinte. Questi creazionisti contemporanei s'oppongono alla teoria darwinista riferendosi a dati dell'esperienza. Essi, e peraltro anche certi prudenti evoluzionisti, pongono anzitutto in evidenza che non è mai avvenuto, fino a ora, che una mutazione moderna nota portasse a una nuova specie e fanno notare che, come caso estremo, gli errori di ricopiatura del DNA trasmessi ai discendenti hanno condotto a mostruosità, ma in nessun caso si è assistito alla nascita di un nuovo organo che potesse far pensare a una macro evoluzione della specie; questo, tanto che si fosse trattato di mutazioni del DNA endogene, quanto di mutazioni aventi cause esogene come le esposizioni a forti radiazioni ionizzanti che possono notoriamente provocare errori che vengono ricopiati e trasmessi alla discendenza; sono mestamente noti i casi dei figli di vittime sopravvissute ai bombardamenti atomici di Hiroshima e Nagasaki ma colpite dalla radioattività, e pure i casi della prole di persone irradiate a causa dell'esplosione e scoperchiamento del reattore della fatiscente centrale atomica di prima generazione di Cernobil, nell'ex Unione sovietica. I creazionisti contemporanei citano anche il caso, cui già avevo fatto cenno, della mutazione dei bacteri in autodifesa da uno specifico antibiotico i quali, pur mutando per resistergli, non passano ad altra specie. Richiamano inoltre gli esperimenti di laboratorio attuati da Thomas Hunt Morgan (1866-1945), ben prima della scoperta del DNA, sul moscerino della frutta e del mosto, la *drosophila melanogaster*: dal 1908 e per trent'anni l'Hunt Morgan aveva sottoposto drosofile a esperimenti d'ogni sorta costringendole a subire, fra l'altro, il caldo e il freddo, la sete e la fame, i raggi luminosi ultravioletti, quelli infrarossi e la radiazioni Röntgen, cioè i cosiddetti raggi X; aveva ottenuto un migliaio di mutazioni, peraltro in gran parte debilitanti: moscerini a dodici zampe invece che a sei, peluria divenuta più lunga oppure più corta, variazioni del colore degli occhi e così via, ma in nessun caso era apparso nella discendenza di quelle drosofile un nuovo tipo di organo per il quale si potesse parlare d'una macro evoluzione, cioè d'un mutamento di specie. I creazionisti contemporanei attirano in particolare l'attenzione sul mancato ritrovamento di cosiddetti anelli mancanti; fanno notare che gli evoluzionisti, fin dal 1860, anno seguente quello della pubblicazione de "L'origine delle specie" di Darwin, avevano presentato quale prova dell'evoluzione l'Archaeopteryx, fossile rinvenuto in strati geologici dell'era del Giurassico superiore, cioè di 150 milioni di anni or sono, e che tale reperto era stato accolto quale caso di anello mediano tra i rettili e gli uccelli; e fanno osservare che ormai da tempo è sostenuto diversamente in paleontologia che, considerando la struttura complessiva di quell'animale, vale a dire penne, ali, ossa cave, si trattava già d'un uccello e non d'un essere intermedio, anche se esso aveva, diversamente dalle specie avicole moderne, le dita degli arti anteriori libere e munite di unghie, denti sulle mascelle e una coda con vertebre, e presentava inoltre un anello sclerotico nell'orbita, in funzione di diaframma; in altri termini, tale animale volante si poneva sì, in ordine di tempo, sùbito dopo i rettili, però non era un mero abbozzo d'uccello avendo caratteristiche avicole fondamentali, per cui il suo ritrovamento, concludono, non è quello d'un anello mancante e, dunque, non ha affatto corroborato la congettura dell'autoevoluzionismo. Inoltre i creazionisti mettono in evidenza che l'apparizione delle specie sembra essere stata improvvisa come se, essi interpretano, fossero state create ogni volta sul momento, nei diversi tempi successivi, e fanno notare la comparsa subitanea in massa e a gruppi omogenei di certe piante, rispettivamente durante le ere del Precambriano, del Cambriano, del Giurese, del Siluriano inferiore, del

Carbonifero superiore, del Cretaceo, come per esempio le alghe azzurre apparse tutte nel Precambriano, accanto ai batteri, mentre ci sono voluti ulteriori 2 miliardi di anni per l'apparizione all'improvviso, nel Cambriano inferiore, di alghe verdi e di funghi, e le piante vascolari sono comparse, sempre all'improvviso, moltissimo tempo dopo, nel Siluriano; e per quanto riguarda il regno animale, i creazionisti fanno, tra altri, l'esempio degl'invertebrati nati in massa nel Cambriano, mentre solo nel seguente Siluriano sono sorti, sempre in massa, i vertebrati. Affermano con forza, a critica della congettura dell'evoluzione procedente per mutazioni casuali lente e continue, cioè del darwinismo, che sarebbero stati necessari tempi immensamente maggiori di quelli intercorsi dall'inizio della vita sul nostro pianeta fra i 3,8 e i 4 miliardi di anni fa, affinché tali mutazioni portassero non solo ai meravigliosi esiti che conosciamo, con al vertice l'essere umano, ma anche solo a esseri primitivi complessi.

Se i creazionisti non contestano l'evoluzionismo sul mero dettato biblico e cercano invece di falsificare quella teoria su base scientifica, non mi risulta tuttavia che abbiano portato alcun dato a corroborazione dell'ipotesi che Dio abbia, di tanto in tanto nel corso del tempo, creato dalla bruta materia nuove specie fino a suscitare, sempre dalla materia non vivente, l'Homo sapiens sapiens.

Capitolo 7

Sulla congettura dell'evoluzione per salti o degli equilibri punteggiati

S'era visto che, come la causa originante il Big Bang e l'evoluzione cosmica non può essere oggetto di scienza, così pure non si può ricercare sperimentalmente la causa determinante l'evoluzione biologica, perché la causa è solo ipotizzabile, al di là dell'esperienza. Tutt'altro conto è invece esaminare debitamente, tramite l'esperienza stessa, le prove sperimentali dell'evoluzione e, in quest'indagine, cercare di capire se essa si svolga solo per mutamenti lenti e continui oppure *anche* per salti improvvisi.

I creazionisti respingono non solo l'autoevoluzionismo casuale ma, al contrario degli evoluzionisti teisti, pure l'idea di un'evoluzione che, oltre che per mutazioni assai lente e graduali, proceda attraverso periodiche e determinanti mutazioni per salti, congettura questa chiamata ufficialmente "degli equilibri punteggiati" e comunemente anche saltazionismo. Essa, se corroborata, vanificherebbe l'obiezione sul trascorso relativamente troppo breve per giungere ai meravigliosi esiti che conosciamo e sopra tutti all'essere umano, partendo da meno di 4 miliardi di anni fa, da quell'amalgama che gli evoluzionisti odierni chiamano "brodo primordiale" e che già Darwin aveva ipotizzato sotto l'espressione "piccolo tiepido stagno". Secondo i creazionisti, la teoria degli equilibri punteggiati, in cui ogni punto significa un salto evolutivo, è solo un artificioso tentativo dei neodarwinisti d'eliminare la difficoltà creata dall'assenza degli anelli mancanti. Come essi fanno notare, non spiega infatti in che modo sarebbero avvenuti i salti. Questo è vero al momento, ma resta il fatto che un'ipotesi scientifica non si corrobora sempre in breve tempo, anzi ce ne vuole sovente molto per raccogliere prove determinanti e trasformare la mera ipotesi in teoria; e anche se è vero che la congettura degli equilibri punteggiati è sorta allo scopo di superare la difficoltà dei mancati ritrovamenti di fossili di esseri intermedi, a integrazione cioè della teoria dell'autoevoluzione casuale per piccolissime mutazioni continue, io sospetto che la critica a tal ipotesi sorga nella mente dei creazionisti non già da un suo non essere una congettura scientifica degna di approfondimento, ma dal semplice fatto che, come il darwinismo classico, essa non è venuta da scienziati credenti: mi sembra che anche qui ci si trovi innanzi a una confusione fra il campo scientifico e quello metafisico. Comunque, vediamo un po' meglio questa idea degli equilibri punteggiati, nata nel 1972 nella mente dei paleontologi statunitensi Niles Eldredge (1943) e Stephen Jay Gould (1941 -2002).

> Il defunto Stephen Jay Gould era professore di geologia e zoologia presso la Harvard University e di biologia alla New York University e, oltre che scienziato e autore di testi specialistici, era un ottimo divulgatore. Niles Eldredge è professore aggiunto nella City University of New York e curatore del Dipartimento Invertebrati dell''American Museum of Natural History, ed è uno specialista dei trilobiti dell'era paleozoica.

Secondo questi due ricercatori, l'evoluzione avverrebbe sì di norma per minimi mutamenti delle specie come supponeva Darwin, cosicché i risultati si evidenzierebbero solo dopo milioni di anni, ma ogni tanto, un *tanto* di milioni di anni, ci sarebbe un salto improvviso per cui una data specie animale o vegetale accelererebbe di colpo la propria evoluzione, un po' come se spontaneamente essa indovinasse la giusta mutazione, dando luogo a un nuovo organismo più adatto a prosperare. L'uomo sarebbe il più chiaro prodotto di tali salti, grazie a una modifica morfologica improvvisa, e all'apparenza senza importanza, quella cioè del pollice opponibile che, certamente, gli ha procurato un drastico vantaggio rispetto a tutte le altre specie, vantaggio che senza salti avrebbe potuto richiedere ancora molti milioni di anni, mentre l'Homo sapiens sapiens esiste al massimo da poche centinaia di migliaia e, forse, da soli centomila anni. Aveva fatto scoccare l'idea nei due scienziati proprio il fatto che non si fossero mai rinvenuti collegamenti mediani, i popolari anelli mancanti, fra le une e le altre specie. Secondo i loro scritti, Darwin non è mai stato interpretato nel modo giusto e dev'essere rivisto con più attenzione; i due autori indicano convenzionalmente come ultraevoluzionisti coloro che, a loro parere, non avendo capito a fondo le idee darwiniane considerano la selezione naturale come l'attrice primaria dell'evoluzione, mentre chiamano naturalisti gli altri, compresi Charles Darwin e, ovviamente, loro stessi, Niles Eldredge e Stephen Jay Gould.

Penso che tale teoria possa essere contemplata dagli evoluzionisti credenti perché non appare in dissidio con la Bibbia e in particolare con la visione genesiaca di Dio creatore e ordinatore dell'universo. Alla scienza resta il compito di corroborare, o al contrario di falsificare, tramite l'esperimento, tale congettura.

Capitolo 8

Pareri di alcuni fra gli ultimi Papi

Papa Pio XII

Nell'enciclica Humani generis del 22 agosto 1950 questo Pontefice dichiarava che non contrastava col credo cattolico lo studio dell'ipotesi evoluzionista, purché si rifiutasse l'idea delle automutazioni casuali e si accogliesse l'idea d'un progetto evolutivo divino.

Al tempo del suo papato, i ritrovamenti di frammenti fossili di crani di umanoidi con accanto quelli di loro femori indicanti una postura eretta dei possessori erano ormai numerosi e non potevano più essere ignorati dalla Chiesa. I primi ritrovamenti di Homo erectus, chiamato Pitecantropo di Giava, erano avvenuti già nel 1890 e reperti successivi sarebbero stati scoperti, nello stesso sito, nel 1936; c'erano stati inoltre rinvenimenti fra il 1929 e il 1937 relativi a un altro Homo erectus, più dotato del primo, detto Sinantropo di Pechino, e fra i paleoantropologi suoi scopritori ce n'era stato uno molto stimato da Pio XII, il gesuita padre Pierre Teilhard de Chardin, anche geologo. Negli stessi decenni erano stati trovati in Sud Africa i primi fossili di australopiteci: prima, nel 1924, era stato scoperto, dal paleoantropologo Raymond Dart, un cranio di piccolo di Australopitecus gracilis, poi denominato Australopitecus africanus, e quindi nel 1938 da Robert Broom erano stati rinvenuti fossili d'un australopiteco adulto, chiamato Australopitecus robustus. Intanto, dopo la riscoperta nel '900 delle leggi ereditarie del Mendel, che per molti anni erano rimaste nell'oblio, e dopo il sorgere della biochimica e i primi studi sulla struttura del DNA, erano nate fra gli scienziati precise ipotesi sui meccanismi determinanti le mutazioni delle specie nel corso del tempo, e la sintesi di tali congetture era stata concentrata nella cosiddetta "teoria sintetica dell'evoluzione", la quale era divenuta presto di dominio pubblico grazie ai mezzi d'informazione. Inoltre l'idea dell'evoluzione era stata ormai accolta da esponenti del mondo cattolico, come il teologo gesuita Karl Rahner, uno dei maggiori protagonisti della riflessione innovativa nella Chiesa che avrebbe condotto alla determinante svolta del Concilio Vaticano II, e il citato paleoantropologo e geologo padre Pierre Teilhard de Chardin: come meglio vedremo nel successivo capitolo, il secondo era autore sia di testi antropologici, sia di scritti teologici; questi ultimi erano stati pubblicati da terzi solo post mortem dell'autore e, pochissimo tempo dopo, avevano patito l'accusa di panteismo dal Sant'uffizio, quando ormai Papa Pio XII, come padre Pierre, era defunto da tempo, per cui quel Pontefice non aveva potuto conoscere le idee teologiche teilhardiane, ma solo l'attività scientifica dell'autore.

Pio XII dunque, nell'enciclica Humani generis aveva ufficialmente ritenuto conciliabile col credo cattolico l'*ipotesi* evoluzionista, purché si respingesse il darwinismo ateo basato sul caso, cioè l'autoevoluzionismo, e ne aveva ammesso lo studio accanto all'*ipotesi* creazionista; il Papa aveva tenuto distinto nell'enciclica il concetto di teoria scientifica, vale a dire di una congettura corroborata da prove sperimentali, da quello di ipotesi scientifica, cioè di una congettura interamente da dimostrare, e aveva evidenziato che l'evoluzionismo era, almeno per il momento, un'ipotesi, come d'altronde il creazionismo, ma un'ipotesi seria, degna di indagini e ragionamenti approfonditi. Per questo Pontefice non c'era opposizione fra la concezione cristiana dell'essere umano figlio di Dio e l'idea di evoluzione delle specie, a condizione non solo che, come s'è detto, si rifiutasse ovviamente l'idea di mutazioni casuali, ma che non si perdessero di vista basilari concetti del libro della Genesi, cioè la creazione di ciascuna persona (si consideri che la figura di Adamo = L'uomo è emblematica di quelle di tutti gli uomini, maschi e femmine, di ogni tempo) tanto in corpo quanto in anima (*psyché*) a immagine e somiglianza di Dio, in conseguenza d'una singolare decisione divina caso per caso: essere umano in cui Dio stesso è presente vivificandolo col proprio divino spirito (*pneyma*).

Il greco *psyché* corrisponde all'ebraico *nèfesh* e al latino e italiano *anima*. Non significa pneuma, o animo, o spirito, che in greco è *pneyma* e in ebraico è *ruàh* – o *ruàch* secondo la pronuncia. Nella Bibbia il vocabolo anima è inserito in contesti dai quali si comprende ch'esso esprime la persona viva intera, cioè l'uomo quale essere vivente. Ad esempio in Genesi 2, 7 si legge: "*Dio il Signore formò l'uomo dalla polvere della terra, gli soffiò nelle narici un alito vitale e l'uomo divenne un'anima vivente*"; nella 1[a] lettera di Pietro, 3, 20, troviamo: "[...] *al tempo di Noè, [...] poche anime, cioè otto, furono salvate attraverso l'acqua*"; e nella 1[a] lettera ai Corinzi, 15, 45 Paolo afferma: "*Così anche sta scritto: 'Il primo uomo, Adamo, divenne anima vivente'*"; l'ultimo Adamo, dice sempre Paolo, è "*spirito vivificante*", e si noti che l'ultimo – o secondo – Adamo è Gesù Cristo e che, dunque, egli è per l'Apostolo delle genti anche spirito divino che vivifica, cioè che apre all'umanità la vita eterna.

Detta in altri termini, Pio XII ammetteva lo studio

dell'ipotesi evoluzionista teista, vale a dire quella della provenienza dell'uomo da materia organica a lui antecedente originante anch'essa da Dio, e la poneva accanto alla narrazione classica genesiaca per cui l'essere umano è stato plasmato direttamente dalla terra, cioè da materia inorganica creata da Dio e non evolutasi in organica, e questa tesi tradizionale il Papa poneva in libero raffronto con l'altra. In tal modo non prendeva ufficiale posizione né per il creazionismo, né per l'evoluzionismo teista, considerava con riserva l'ipotesi evoluzionista nel senso che, se i nuovi reperimenti e gli studi dei fossili non fossero stati tali da condurre quell'ipotesi a teoria scientifica, di fatto sarebbe rimasta prevalente l'altra, quella classica della creazione di Adamo da materia inerte non organica. Quanto all'ipotesi evoluzionista, egli pensava a una progressiva trasformazione della forma dell'umanoide ancora bestiale, secondo un preciso progetto divino, fino improvvisamente, senz'alcun essere intermedio fra bestia e uomo, al concepimento dell'essere umanoAdamo dotato da Dio di anima. Nell'enciclica Humani generis è scritto che "le anime sono state create immediatamente da Dio"; tale asserzione non deve tuttavia comprendersi nel senso che Dio abbia creato un'anima ponendola in un animale con cerebro sufficientemente evoluto per accoglierla, infatti l'affermazione che l'anima è creata immediatamente da Dio comporta un vincolo con un corpo non bestiale e altrettanto umano e perciò atto a riceverla: il cristiano sbaglia se pensa che un animale bastantemente evoluto abbia avuto da Dio, in un determinato momento, un'anima umana, in quanto l'animale è già in sé un essere compiuto, secondo altri progetti divini, ed esso non è stato fatto, o secondo la teoria dell'evoluzione teista non si è evoluto, per ricevere, a un certo punto, l'anima umana; il primo Homo sapiens sapiens è interamente una creatura nuova, è concepito vero uomo in corpo e in psicheanima; in altre parole, mentre i genitori materialianimali della specie Adamo, cioè di tutti gli umani d'ogni tempo, sono ancora interamente bestiali, i loro figli, come poi i loro discendenti, sono immediatamente umani per intero.

Papa Pio XII affermava semplicemente quanto era stato nel pensiero della Chiesa fin dai primi tempi, vale a dire che Dio ha creato la persona umana intera, dotata di anima – *psyché* – e di corpo – *soma* –.

Pio XII, monogenismo e poligenismo

Nondimeno quel Papa rigettava il cosiddetto *poligenismo* secondo cui l'umanità sarebbe discesa non da un'unica, primigenia coppia di esseri umani, come per il *monogenismo*, ma da progenitori disparati che avrebbero originato altrettante *razze* diverse.

Il poligenismo, che tanto piaceva a Hitler e ai suoi, sfocia facilmente nel razzismo, ad esempio facendo ritenere gli esseri umani di pelle nera inferiori a quelli indoeuropei, proprio nella supposizione che i neri discendano da un'altra coppia.

Pio XII voleva fosse ben evidente la discendenza di tutto il genere umano solo da Adamo maschio e femmina [30], cioè da una prima coppia voluta e creata direttamente da Dio

---

[30] Genesi, 1, 27: "*Dio creò l'uomo a sua immagine; lo creò a immagine di Dio; li creò maschio e femmina*".

con l'infusione dell'anima*psyché* nei due progenitori dell'umanità. Non era in altri termini accoglibile per Papa Pio XII, e nemmeno lo è oggi per qualsiasi cristiano perché contraria al dettato biblico, l'idea che il nome Adamo indicasse tutti i molti progenitori delle diverse specie umanoidi i cui esemplari, nonostante il nome *scientifico* di Homo, uomini non possono *biblicamente* dirsi, compreso, come avevamo già scorto, uno dei più evoluti, l'Homo sapiens neardenthalensis; secondo la Chiesa d'ogni tempo certamente Dio aveva e ha su tutto il suo creato i propri piani e, dunque, possiamo dire modernamente che li aveva anche sugli umanoidi delle diverse specie *Homo*, essendo essi elementi del medesimo creato, ma che non si trattava dello stesso progetto, biblicamente rivelato, relativo a noi esseri umani della stirpe Homo sapiens sapiens; in altre parole ancora, i fedeli non potevano e non possono accogliere l'idea poligenetica che oltre al medesimo Homo sapiens sapiens siano esistiti sulla terra *veri e propri esseri umani* i quali non abbiano avuto origine, per naturale generazione, dalla prima coppia della nostra specie.

Papa Giovanni Paolo II

Decenni dopo, nel 1986, la congettura dell'evoluzione teista veniva recepita da uno dei successori di Papa Pio XII, Giovanni Paolo II. Accadeva in un primo tempo nel corso dell'usuale Udienza generale pontificia del mercoledì e precisamente di mercoledì 16 aprile 1986; il successivo 28 ottobre poi, durante un discorso alla Pontificia Accademia delle Scienza [31] in occasione del cinquantenario della sua

---

[31]Si può leggere comodamente il testo completo del discorso sul sito internet del

fondazione, il Papa, evidenziando il grande interesse della Chiesa per la ricerca scientifica, asseriva che "*oggi la Chiesa, lungi dal rifugiarsi in una mira apologetica o difensiva, si fa piuttosto interprete della scienza e della ragione, della libertà di ricerca, per legittimare la scienza autentica. [...] In quanto Corpo costituito presso la Santa Sede, la Pontificia Accademia delle scienze testimonia l'armonia tra la Chiesa e gli uomini di scienza, il loro sostegno reciproco ed è un richiamo ai valori   della coscienza nel mondo scientifico*". Un decennio dopo, passati ormai quarantasei anni dalla Humani generis, Giovanni Paolo II s'esprimeva diffusamente sull'evoluzionismo in un Messaggio ai membri della Pontificia Accademia delle Scienze riunitasi in seduta plenaria il 22 Ottobre 1996 [32]. Dichiarava fra l'altro agli accademici: "*Nella sua Enciclica Humani generis il mio predecessore Pio XII aveva già affermato che non vi era opposizione fra l'evoluzione e la dottrina della fede sull'uomo e sulla sua vocazione, purché non si perdessero di vista alcuni punti fermi. [...] Oggi, circa mezzo secolo dopo la pubblicazione dell'Enciclica, nuove conoscenze conducono a non considerare più la teoria dell'evoluzione una mera ipotesi. [...] È degno di nota il fatto che questa teoria si sia progressivamente imposta all'attenzione dei ricercatori, a seguito di una serie di scoperte fatte nelle diverse discipline del sapere. La convergenza non ricercata né provocata, dei risultati dei lavori condotti indipendentemente gli uni dagli altri,*

Vaticano, a cura della Libreria Editrice Vaticana, all'indirizzo web: http://www.vatican.va/holy_father/john_paul_ii/speeches/1986/october/docume nts/hf_jpii_spe_19861028_pontaccademiascienze_it.html

[32] Si può leggere agevolmente il testo completo del messaggio, a cura della Libreria Editrice Vaticana, sul sito internet del Vaticano all'indirizzo web http://www.vatican.va/holy_father/john_paul_ii/messages/pont_messages/1996/ documents/hf_jpii_mes_19961022_evoluzione_it.html

costituisce di per sé un argomento significativo a favore di questa teoria. [...] A dire il vero, più che della teoria dell'evoluzione, conviene parlare delle teorie dell'evoluzione. Questa pluralità deriva da un lato dalla diversità delle spiegazioni che sono state proposte sul meccanismo dell'evoluzione e dall'altro dalle diverse filosofie alle quali si fa riferimento. Esistono pertanto letture materialiste e riduttive e letture spiritualistiche. Il giudizio è qui di competenza propria della filosofia e, ancora oltre, della teologia. [...] La teoria dimostra la sua validità nella misura in cui è suscettibile di verifica; è costantemente valutata a livello dei fatti; laddove non viene dimostrata dai fatti, manifesta i suoi limiti e la sua inadeguatezza. [...] Di conseguenza, le teorie dell'evoluzione che, in funzione delle filosofie che le ispirano, considerano lo spirito come emergente dalle forze della materia viva o come un semplice epifenomeno di questa materia, sono incompatibili con la verità dell'uomo. Esse sono inoltre incapaci di fondare la dignità della persona. Con l'uomo ci troviamo dunque dinanzi a una differenza di ordine ontologico, dinanzi a un salto ontologico, potremmo dire". Dunque questo Papa puntualizzava che non bisognava far coincidere l'evoluzionismo col darwinismo ateo, ma parlare di diverse teorie dell'evoluzione basate su filosofie differenti. Ribadiva che per la congettura evoluzionista si poteva ormai parlare di positiva probabilità in seguito alle molte corroborazioni dell'ipotesi nel corso del XIX e del XX secolo, con vecchi e nuovi ritrovamenti di fossili e la valutazione cronologica, in base agli strati geologici dei loro rinvenimenti nonché in conseguenza degli esami sui reperti. Tutto sommato per questo Papa l'evoluzione, ch'egli riteneva indubbiamente non dovuta al caso ma a un progetto divino, aveva indirizzato in modo finalistico gli esseri viventi alla nascita dell'uomo. Giovanni Paolo II parlava d'un salto esistenziale avvenuto con la creazione d'Adamo e con la partecipazione immediata dell'uomo alla dignità divina. Infatti l'Homo sapiens sapiens era stato creato, secondo la Genesi, a immagine del Creatore, vale a dire non solo con una mente umana, ma anche con un corpo umano come quelli di Dio stesso nella seconda Persona incarnata in Gesù Cristo e avendo Dio soffiato il suo spirito di vita nell'uomo e spirato la propria RagioneLogos nella sua animamente. Grazie a tutto questo la persona in corpo e anima aveva natura umana e figliolanza divina. Nel suo intervento Giovanni Paolo II affermava cante quello principale dell'autoevoluzione casuale secondo il darwinismo: per tal ipotesi atea solo la materia importerebbe e non ci sarebbe spirito di vita originante da Dio, e la dignità della persona umana non sarebbe adeguatamente fondata, appunto perché l'uomo non sarebbe figlio di Dio ma della materia, cioè perché non ci sarebbe il "soffio di vita" divino nella "polvere del suolo" da Dio stesso modellata.he non c'era difficoltà a spiegare l'origine del corpo dell'uomo mediante l'evoluzionismo, purché ciò si riferisse a una legge di Dio; e aggiungeva ch'era invece inaccettabile ritenere lo spirito dell'uomo emergente dalle forze della materia, quando non addirittura come un epifenomeno materiale che sarebbe sopraggiunto a un certo punto, cioè come un fenomeno secondario non modificante quello principale dell'autoevoluzione casuale secondo il darwinismo: per tal ipotesi atea solo la materia importerebbe e non ci sarebbe spirito di vita originante da Dio, e la dignità della persona umana non sarebbe adeguatamente fondata, appunto perché l'uomo non sarebbe figlio di Dio ma della materia, cioè perché non ci sarebbe il "soffio di vita" divino nella "polvere del suolo" da Dio stesso modellata.

"Dio il Signore formò l'uomo dalla polvere de   *ante*

quello principale dell'autoevoluzione casuale
secondo il darwinismo: per tal ipotesi atea solo
la materia importerebbe e non ci sarebbe spirito
di vita originante da Dio, e la dignità della
persona umana non sarebbe adeguatamente
fondata, appunto perché l'uomo non sarebbe
figlio di Dio ma della materia, cioè perché non
ci sarebbe il "soffio di vita" divino nella
"polvere del suolo" da Dio stesso modellata. lla
terra, gli *soffiò nelle narici un alito vitale e l'uomo*
divenne un'anima vivente" (Genesi 2, 7).

Si noti che fin dai primi anni '60 del XX secolo, nel
corso del concilio ecumenico Vaticano II e precisamente nella
costituzione conciliare Gaudium et Spes (n. 24), era stato
affermato con forza dai padri conciliari che l'essere umano è
la sola creatura che Dio abbia voluto per sé stesso e non può
dunque essere considerato in nessun modo strumento della
specie cui appartiene; e a questa costituzione Giovanni Paolo
II s'era espressamente richiamato osservando, col Tommaso
d'Aquino della Summa theologica [33], che la somiglianza
dell'essere umano con Dio risiede in primo luogo nella sua
intelligenza speculativa, vale a dire nella sua individuale
anima ragionevole, e che la relazione dell'intelligenza
speculativa umana con l'oggetto della sua conoscenza è simile
a quello intrattenuto da Dio col proprio creato. La dignità di
ciascun essere umano viene dallo spirito di Dio che ha
chiamato tale persona alla vita e che è presente in lei
mantenendola viva sulla terra e poi nella vita eterna, creatura
umana che già in questo mondo è capace di pensare e volere
Dio e che, secondo la Rivelazione, è chiamata espressamente
a entrare in un rapporto di conoscenza e d'amore col

---

[33] Summa theologica, III, q. 3, a. 5, ad 1.

Creatore, relazione che avrà il suo sviluppo intero dopo la morte, nell'eternità.

Giovanni Paolo II concludeva il discorso sull'evoluzionismo ai membri della Pontificia Accademia delle Scienze rammentando che nel Vangelo secondo Giovanni la parola *vita* indica teologicamente quella luce divina che Gesù Cristo dona all'essere umano e che è un tutto unico con la vita stessa, non solo in quanto ogni persona è invitata a entrare nell'eternità d'amore infinito di Dio dopo la morte terrena, ma in quanto, secondo il quarto evangelista, la vita eterna è di già qui nell'amore per il prossimo, nella sublimazione della vita terrena a imitazione dell'agire di Gesù Cristo:

"Nel concludere, desidero ricordare una verità evangelica che potrebbe illuminare con una luce superiore l'orizzonte delle vostre ricerche sulle origini e sullo sviluppo della materia vivente. La Bibbia, in effetti, contiene uno straordinario messaggio di vita. Caratterizzando le forme più alte dell'esistenza, essa ci offre infatti una visione di saggezza sulla vita. Questa visione mi ha guidato nell'Enciclica che ho dedicato al rispetto della vita umana e che ho intitolato precisamente Evangelium vitae. *È significativo il fatto che, nel Vangelo di san Giovanni, la vita designi la luce divina che Cristo ci trasmette. Noi siamo chiamati ad entrare nella vita eterna, ossia nell'eternità della beatitudine divina".*

Papa Benedetto XVI

Pure questo Pontefice, ora Papa emerito, quand'ancora

sedeva sulla cattedra di Pietro era intervenuto sul tema dell'evoluzione. Ne aveva parlato nel corso di un'omelia pronunciata durante la Messa sulla Spianata dell'Islinger Feld a Regensburg, martedì 12 Settembre 2006: aveva detto ch'essa viene da Dio e che il fedele non ha nulla da temere dalle teorie che negano Dio [34]. In sostanza è idea anche del Papa emerito che la teoria dell'evoluzione è accoglibile purché non la si pensi dovuta alla materiale selezione naturale casuale: "[...] *Noi crediamo in Dio. Questa è la nostra decisione di fondo. Ma ora di nuovo la domanda: questo è possibile ancora oggi? È una cosa ragionevole? Fin dall'illuminismo, almeno una parte della scienza s'impegna con solerzia a cercare una Pure questo Pontefice, ora Papa emerito, quand'ancora sedeva sulla cattedra di Pietro era intervenuto sul tema dell'evoluzione. Ne aveva parlato nel corso di un'omelia pronunciata durante la Messa sulla Spianata dell'Islinger Feld a Regensburg, martedì 12 Settembre 2006: aveva detto ch'essa viene da Dio e che il fedele non ha nulla da temere dalle teorie che negano Dio[35]. In sostanza è idea anche del Papa emerito che la teoria dell'evoluzione è accoglibile purché non la si pensi dovuta alla materiale selezione naturale casuale: "[...] Noi crediamo in Dio. Questa è la nostra decisione di fondo. Ma ora di nuovo la spiegazione del mondo, in cui Dio diventi*

---

[34] Si può leggere comodamente il testo completo di quest'omelia sul sito del Vaticano, alla seguente pagina internet, apposta a cura della Libreria Editrice Vaticana:

http://www.vatican.va/holy_father/benedict_xvi/homilies/2006/documents/hf_be nxvi_hom_20060912_regensburg_it.html

[35] Si può leggere comodamente il testo completo di quest'omelia sul sito del Vaticano, alla seguente pagina internet, apposta a cura della Libreria Editrice Vaticana:

http://www.vatican.va/holy_father/benedict_xvi/homilies/2006/documents/hf_be nxvi_hom_20060912_regensburg_it.html *superfluo. E così Egli dovrebbe diventare inutile anche per la nostra vita. Ma ogni qualvolta poteva sembrare che ci si fosse quasi riusciti, sempre di nuovo appariva evidente: i conti non tornano! I conti sull'uomo, senza Dio, non tornano, e i conti sul mondo, su tutto l'universo, senza di Lui non tornano. In fin dei conti, resta l'alternativa: che cosa esiste all'origine? La Ragione creatrice, lo Spirito Creatore che opera tutto e suscita lo sviluppo, o l'Irrazionalità che, priva di ogni ragione, stranamente produce un cosmo ordinato in modo matematico e anche l'uomo, la sua ragione. Questa, però, sarebbe allora soltanto un risultato casuale dell'evoluzione e quindi, in fondo, anche una cosa irragionevole. Noi cristiani diciamo: "Credo in Dio Padre, Creatore del cielo e della terra" – credo nello Spirito Creatore. Noi crediamo che all'origine c'è il Verbo eterno, la Ragione e non l'Irrazionalità. Con questa fede non abbiamo bisogno di nasconderci, non dobbiamo temere di trovarci con essa in un vicolo cieco. Siamo lieti di poter conoscere Dio! E cerchiamo di rendere accessibile anche agli altri la ragionevolezza della fede, come, nella sua Prima Lettera, san Pietro esplicitamente ha esortato a fare i cristiani del suo tempo e con loro anche noi!".*

D'altronde ancor prima, quand'egli era il teologo professor Joseph Alois Ratzinger, nel saggio del 1968 "Introduzione al Cristianesimo" [36] aveva mostrato stima ricordando le idee evoluzioniste del Teilhard de Chardin, figura di studioso che ritroveremo al capitolo seguente. Successivamente, l'allora cardinal Ratzinger, anche dopo esser divenuto, il 25 novembre 1981, Prefetto della Congregazione per la dottrina della fede, l'ex Sant'Uffizio,

---

[36] Ristampato poi moltissime volte: Joseph Ratzinger, "Introduzione al Cristianesimo -Lezioni sul Simbolo apostolico", cit.; si consultino in particolare le pagine 77, 226 ss., 294, 309, relative a Teilhard de Chardin.

non aveva affatto manifestato un sentire diverso.

Come avevo già segnalato in un mio lavoro precedente [37], Benedetto XVI aveva scritto fra l'altro, a proposito del Teilhard, che "*se Gesù viene chiamato 'Adamo'* – nel Nuovo Testamento, N.d.A.   –, *vuol dire che egli è destinato a concentrare in sé l'intera natura di 'Adamo'. Il che, però, significa: quella realtà, oggi per noi ancora largamente incomprensibile, che Paolo chiama 'corpo di Cristo', è una intima esigenza di quest'esistenza, che non può rimanere un'eccezione, ma deve 'attrarre a sé l'intera umanità (cfr. Gv 12, 32). Va ascritto a grande merito di Teilhard de Chardin il fatto di aver ripensato in modo nuovo queste relazioni a partire dall'immagine moderna del mondo e, nonostante una tendenza non del tutto immune da sospetti di simpatie per il biologismo, di averle comprese in maniera complessivamente corretta e, comunque, di averle rese nuovamente accessibili.* […] *l'uomo* […] *rappresenta il massimo di complessità sinora raggiunto. Ma anch'egli, come semplice monadeuomo, non può rappresentare ancora la fine; il suo stesso divenire   esige   un   ulteriore   movimento   di complessificazione* […] *l'uomo è sì, da un lato, già   un punto terminale, che non si può più far retrocedere né liquidare; tuttavia, nel coesistere dei singoli individui umani, non è ancor giunto alla meta, ma si dimostra, per così dire, come un elemento che aspira a una totalità che lo comprenda, senza distruggerlo.* […] *la meta finale dell'intero movimento, così come la vede Teilhard: il flusso cosmico si muove 'in direzione di una condizione inimmaginabile, quasi monomolecolare... in cui ogni Ego* […] *è destinato a raggiungere il suo vertice in una specie di misterioso 'SuperEgo'. L'uomo in quanto 'io' è sì un punto terminale, ma l'orientamento del movimento dell'essere e della sua propria esistenza ce lo mostra*

---

[37] "È Uomo", cit. disponibile gratuitamente in ebook pdf al seguente indirizzo: http://www.lulu.com/shop/guidopagliarino/%C3%83%C2%A8uomosaggio-edizioneeconomica/ebook/product-17554412.html

86

contemporaneamente come una struttura che fa parte di un 'Superio', il quale non lo dissolve, ma lo comprende; soltanto in questo stadio di unificazione può apparire la forma dell'uomo futuro, nella quale l'essere-uomo sarà totalmente giunto al suo traguardo. Crediamo si possa tranquillamente ammettere che qui, partendo dall'odierna visione del mondo e certo con un vocabolario talvolta perfino troppo biologistico, si è però in sostanza afferrata e resa nuovamente comprensibile la linea della cristologia paolina. La fede vede in Gesù l'uomo in cui – parlando secondo lo schema biologico – si è, per così dire, compiuto il prossimo salto evolutivo; l'uomo in cui è già avvenuto il superamento dei limiti del nostro essere-uomini, del suo isolamento monodico, l'uomo in cui personalizzazione e socializzazione non si escludono più, ma si confermano; l'uomo in cui la suprema unità – 'corpo di Cristo', dice Paolo, anzi, ancor più incisivamente: ' Tutti voi siete un sol uomo in Gesù Cristo (Gal 3, 28) – e l'estrema individualità formano un tutto unico; [...] la fede vedrà in Cristo l'inizio di un movimento nel quale l'umanità divisa viene gradualmente ricomposta nell'essere di un unico Adamo, in un unico 'corpo' – quello dell'uomo che deve venire. Vedrà in lui il movimento verso quel futuro dell'uomo, in cui questi sarà interamente 'socializzato', incorporato in un Unico, ma in modo che il singolo non sia dissolto, bensì ricondotto pienamente a se stesso. Non sarebbe difficile dimostrare come la teologia giovannea orienti nella stessa direzione. Ricordiamo solo la breve affermazione [...]: 'Quando sarò innalzato da terra, trarrò a me tutti gli uomini' (Gv 12, 32). [...] Cristo, in quanto uomo venturo, non è l'uomo per sé, bensì essenzialmente l'uomo per gli altri; egli è l'uomo del futuro proprio in quanto uomo totalmente aperto".

È piuttosto chiaro che il teologo, dopo aver fatto ovviamente i dovuti distinguo relativamente alle "simpatie per il biologismo" del Teilhard e per il suo linguaggio piuttosto ambiguo e suscettibile di confondere il lettore secondo un vocabolario eccentrico in campo teologico, considera con molto interesse gli scritti teologici teilhardiani.

Papa Francesco

Non mi risulta che al momento questo Pontefice si sia pronunciato sulla teoria dell'evoluzione delle specie. È verosimile pensare ch'egli si trovi su posizioni evoluzioniste secondo l'idea del disegno intelligente divino; la sua formazione universitaria è anzitutto scientifica: contrariamente a quanto si è detto, egli non conseguì solo il diploma di perito presso un istituto tecnico a indirizzo chimico, ma si laureò successivamente in scienze chimiche – master degree – all'Università di Buenos Aires; solo successivamente s'addottorò anche in filosofia all'Università cattolica della stessa capitale[38]; si può inoltre tenere nel conto che è gesuita, il primo Papa gesuita della storia, e che la Compagnia di Gesù è fin dal suo inizio (1534) l'ordine religioso più attratto dalla scienza.

Al di là della gravissima scivolata nel XVII secolo a

---

[38]   Cfr.   "Cardinal   Jorge   Bergoglio: a   profile", http://www.catholicherald.co.uk/news/2013/03/13/cardinal-bergoglio-profile/   : "He studied and received a master's degree in chemistry at the University of Buenos Aires, but later decided to become a Jesuit priest and studied at the Jesuit seminary of Villa Devoto.He studied liberal arts in Santiago, Chile, and in 1960 earned a degree in philosophy from the Catholic University of Buenos Aires. Between 1964 and 1965 he was a teacher of literature and psychology at Inmaculada high school in the province of Santa Fe, and in 1966 he taught the same courses at the prestigious Colegio del Salvador in Buenos Aires.In 1967, he returned to his theological studies and was ordained a priest Dec. 13, 1969".

proposito di Galileo Galilei – l'ordine gesuita fu tra quelli responsabili dell'istanza d'abiura dell'eliocentrismo richiesta allo scienziato – eccelle in particolar modo la ricerca astronomica dei padri gesuiti; essi erano in polemica col Pisano anche a proposito delle comete, in questo caso stando però dalla parte della ragione, ché Galileo riteneva le comete meri effetti ottici mentre per gli astronomi gesuiti si trattava di oggetti siderali. Nella Specola Vaticana, osservatorio astronomico della Santa Sede diretto da gesuiti, trasferito dal Vaticano a Castel Gandolfo negli anni '30 dello scorso secolo a causa dell'inquinamento atmosferico di Roma, si conducono importanti ricerche la cui tradizione risale al '600; spiccano gli studi di padre Angelo Secchi che hanno dato origine alla scienza della spettroscopia stellare, cioè allo studio della composizione chimica delle stelle sulla base dello spettro elettromagnetico, ancor oggi settore primario dell'attività della stessa Specola. Da alcuni anni gli astronomi gesuiti hanno aperto, in collaborazione con l'Arizona State University, un più funzionale osservatorio in Arizona, telescopio VATT, sito a Mount Graham presso Tucson.

Come mostrano articoli di appartenenti all'ordine, i gesuiti contemporanei accolgono la teoria dell'evoluzione delle specie. Si può vedere in particolare il lungo articolo di Giuseppe De Rosa, sulla rivista gesuita Civiltà Cattolica, "L'origine dell'uomo. Evoluzione e Creazione" [39].

Questa è la presentazione del lavoro nel sommario:
"*L'articolo rileva che l'apparizione dell'uomo sulla Terra è avvenuta lentamente e per successive modificazioni. Quindi l'«ominizzazione» è avvenuta per «evoluzione», che può considerarsi oggi non più una semplice «ipotesi»,*

---

[39] Quaderno n. 3715 del 02/04/2005, Civiltà Cattolica II 3404.

ma una vera e propria «teoria», anche se taluni aspetti di essa restano ancora oscuri. Di questo processo evolutivo, l'articolo presenta le linee essenziali, mostrando che con l'Homo sapiens sapiens si è certamente raggiunta la soglia umana: egli, infatti, pensa, progetta il futuro, parla, ha senso artistico e religioso. Ma il raggiungimento della «soglia umana» è stato reso possibile dall'infusione, da parte di Dio creatore, dell'anima umana in una materia disposta a riceverla. L'azione di Dio però non sopprime la contingenza, il fortuito e il caso, ma nella sua provvidenza li dirige al fine."

Mi sembra verosimile pensare che Papa Francesco non abbia ritenuto di doversi pronunciare in merito alla teoria evolutiva, almeno per il momento, avendo ritenuto soddisfacenti le pronunce al riguardo da parte di suoi predecessori e pensato di molto più importanti altri argomenti, per primi l'obbligo cristiano dell'amore per il prossimo e il dovere d'umiltà dei dirigenti della Chiesa.

Capitolo 9

Sui due più noti teologi evoluzionisti cristiani del '900, il Rahner e il Teilhard de Chardin

Karl Rahner

Karl Rahner (1904-1984), membro della compagnia di Gesú, s'era laureato in filosofia a Friburgo sotto l'influenza del primo Martin Heidegger (1889-1976), quello di "Essere e tempo", un'opera che tratta di un argomento fondamentale della ricerca esistenziale sin dalla metafisica di Platone e da quella di Aristotele, il problema ontologico del senso dell'essere.

Il Rahner aveva recepito che per la filosofia esistenzialista dell'Heidegger non sono conciliabili tra di loro i diversi modi di essere della realtà, cioè l'essere in sé e gli enti che ne sono le determinazioni concrete, e che tale inconciliabilità, o differenza, che agisce tra l'essere e gli enti è dall'Heidegger intesa negativamente: l'essere è altro da ciascun ente e nessun ente può essere fatto equivalere all'essere in sé; e questo è considerato a priori nel pensiero heideggeriano come trascendentale rispetto a ciascun ente. Il problema dell'essere è fondamentale, sia in quanto tale, sia come sua capacità di fondare la realtà e la cognizione che ne ha l'essere umano, e richiede obbligatoriamente un atteggiamento conoscitivo differente da quello rivolto a conoscere le singole cose reali. L'essere inteso invece come "l'essere di una cosa" (potremmo forse anche dire l'esistente, distinto dall'essere in sé), è l'investigato e in tale ricerca è interrogato ciò che è, vale a dire appunto la cosa: l'ente. Quale ente è capace di rispondere a un quesito sul suo essere? *Soltanto l'uomo* è l'ente idoneo a porsi in modo chiaro la domanda e a cercare una risposta. Così l'antropologia è centrale all'ontologia, come poi sarà per la teologia antropocentrica del Rahner.

Nel 1936 il Rahner s'era addottorato anche in teologia, a Innsbruck, dove aveva avuto l'abilitazione all'insegnamento della teologia dogmatica nel 1937, iniziando la propria carriera accademica in quella stessa facoltà teologica. La sua prima pubblicazione era uscita nel 1939. Il regime nazista gli aveva però vietato l'insegnamento ed egli si era allora occupato di attività pastorali, fino al 1948 in cui era tornato all'Università di Innsbruck quale professore ordinario di teologia dogmatica, per passare, nel 1964, alla Facoltà di teologia di Monaco e infine a quella di Münster. Fra il '63 e il '65 era stato uno dei principali esperti accreditati al concilio Vaticano II, benché precedentemente questo filosofo e teologo fosse stato sospettato in ambienti curiali romani d'eresia e osteggiato dai conservatori della Chiesa, ma quando il 28 ottobre 1958 era stato eletto Papa il riformatore Giovanni XXIII, la situazione era cambiata radicalmente e il Rahner era stato nominato consulente del concilio ecumenico Vaticano II indetto da quel Pontefice, divenendo uno dei teologi cattolici più noti e seguiti. Anche il successivo Papa Paolo VI gli aveva indirizzato gran considerazione, convocandolo quale suo consigliere, su molti casi, anche dopo il concilio. Tuttavia dopo la morte di questo Papa la situazione era mutata nuovamente, nell'àmbito d'una reazione anticonciliare da parte di cerchie ecclesiali tradizionaliste che privilegiava, fra l'altro, un ritorno alla teologia dogmatica, e in tali circoli era nata una ferma critica alle idee ranheriane.

In particolare Karl Rahner aveva studiato il *problema dell'ominizzazione* secondo la congettura evolutiva teista, partendo dall'enciclica Humani generis di Papa Pio XII. La sua conclusione era stata che si può sostenere, restando entro la Rivelazione e nella piena fede cristiana, che Dio ha dato la legge evolutiva al proprio universo, tanto fisicamente quanto biologicamente determinando il passaggio, a un certo momento, da una specie ominide preumana, cioè da una coppia di genitori ancora animali, all'Homo sapiens sapiens, biblicamente ad Adamo, procurando che, per tale legge, il primo essere umano e poi ciascuno dei suoi discendenti avesse il proprio precipuo corpo e la sua particolare anima proprio come Dio voleva. Fin dal primo Adamo, maschio e femmina, ciascun *adamo* è quella singola originale persona che il Creatore ha voluto con sua particolarissima decisione presa per ciascun essere umano, decisione che precede il mondotempo e l'evoluzione; in altri termini, ciascun umano fin dal primo viene chiamato da Dio alla vita come singola, inimitabile persona.

La condizione, sia esistenziale sulla terra sia, in prospettiva, sul piano dell'eterno Essere, del primo essere umano concepito da una coppia ancora bestiale è eguale a quella di ciascuna successiva persona generata da una coppia umana. Il CreatoreEvolutore s'è avvalso strumentalmente, per Adamo, della natura che Dio stesso ha fatto e che gli appartiene e delle leggi che le ha dato, in particolare dell'unione sessuale fra genitori ancor ominidi preumani, cioè genitori non uomini ma *materia* vivente, i quali secondo il volere divino, al fine del piano di Dio della plasmazione dell'Uomo, generano figli pienamente umani in corpo e anima. Da quella prima generazione in poi, il corpo di ciascun uomo d'ogni generazione e la sua singolare anima, o psiche se si preferisce, capace di pensare auto Karl Rahner, Il problema dell'ominizzazione, trad. di Alfredo Marranzini, Brescia, 1969.nomamente al Creatore e di volere l'accesso alla grazia divina vengono da Dio.

Si può ricordare per inciso che, secondo la teologia cattolica, non c'è predestinazione, ma ogni essere umano fin dal primo Adamo è creato libero, per cui quando raggiunge l'età di ragione e si rende conto d'esistere e che c'è il mondo, cioè in termini religiosi sente d'avere un'anima, egli esercita la sua volontà nelle scelte di bene o di male; nell'esperienza entro il mondo la quale deriva da ciascun libero atto di scelta della singola anima umana creata da Dio, la medesima anima-psiche si modifica variamente, in bene o in male, avvalendosi del tramite delle sinapsi cerebrali che sono parti del corpo, anch'esso creato da Dio.

In termini filosofici il Rahner scrive che l'origine della vita è da attribuire interamente a Dio come *causalità primaria*, cioè come creazione, mentre Karl Karl Rahner, Il problema dell'ominizzazione, trad. di Alfredo Marranzini, Brescia, 1969. Rahner, Il problema dell'ominizzazione, trad. di Alfredo Marranzini, Brescia, 1969.è da riferire alla generazione nel contesto dell'evoluzione come *causalità secondaria*. Dio è in altre parole reale base spiritualetrascendentale dello sviluppo evolutivo e agisce nella propria creazione avvalendosi di cause seconde, sempre derivate dalla legge di Dio, vale a dire la causalità divina opera dall'interno d'una causalità immanente, limitata e finita, e la rafforza ed eleva perché possa operare oltre le proprie potenzialità materiali. È la causalità divina a determinare l'autotrascendenza della creatura umana, quello che il Rahner chiama *emergentismo*; questo conduce sia alla personalità dell'essere umano, sia alla vita della grazia. Così Dio e i suoi creati preumani ancora animali sono l'intera causa dell'essere umano, i secondi mera causa strumentale; è il potere di Dio a erigere a fatto la potenzialità insita dal Creatore stesso nell'ominide preumano, costituendo in tal modo gli uomini come persone razionali, andando oltre la mera meccanica, peraltro pur essa progettata da Dio, degli anelli biologici riproduttivi. In sintesi si può dire che la singolarità, l'irripetibilità e la spiritualità della singola persona umana sono insediate solo e soltanto nell'azione creatrice e potenziante del Creatore. A conclusion Karl Rahner, Il problema dell'ominizzazione, trad. di Alfredo Marranzini, Brescia, 1969. e della sua ricerca il Rahner scriveva: *"Non v'è quindi alcun pericolo che l'evoluzione, se intesa esattamente in senso veramente metafisico e teologico, ci porti a pensare dell'uomo in maniera meno decorosa di quanto si faceva prima. L'uomo che oggi conosciamo […] che si distingue radicalmente da ogni animale e nel momento dell'ominizzazione percorse, anche se forse lentamente, una via che lo portò tanto lontano da tutto il regno animale, da assumere nello stesso tempo tutta l'eredità della sua preistoria biologica in queste profonde e intime dimensioni della sua esistenza concreta, era là quando l'uomo cominciò ad esistere. Quanto si manifesta nell'oggettivazione storica esisteva già là come compito e potenzialità attiva. Essendo ora presenti gli elementi biologici, spirituali e divini, si deve affermare senza ambagi che lo furono anche a principio"*[40].

Poiché, logicamente, gli scritti sull'ominizzazione s'inseriscono nella generale ricerca teologica del Rahner, è opportuno, per intenderli meglio, farne cenno. Questo teologo, avendo, come s'era detto, presente l'Heidegger, era stato autore del cosiddetto metodo teologico antropologico-trascendentale col quale aveva attuato la cosiddetta "svolta antropologica" che poneva l'uomo al centro della teologia

---

[40] Karl Rahner, Il problema dell'ominizzazione, trad. di Alfredo Marranzini, Brescia, 1969.

cattolica. Aveva sostituito questo metodo a quello della Scolastica, ancor ampiamente in uso nelle scuole teologiche, che muoveva dall'alto di formulazioni e procedeva esprimendo dottrine, mentre il metodo rahneriano prendeva le mosse dal basso, cioè dall'esperienza viva degli uomini e s'indirizzava al soggetto umano, operando una corrispondenza fra teologia e vita. Il pensiero del Rahner partiva da due osservazioni pragmatiche, la prima che nella società del secondo dopoguerra in cui egli viveva l'ampliamento delle conoscenze in ogni ramo del sapere ostacolava le sintesi, e l'altra che la società era ormai pluralista e massicciamente secolarizzata, onde le enunciazioni della fede non apparivano più ovvie e fondamentali, ma erano poste sullo stesso piano degli altri enunciati e discusse, a volte con sicumera, o addirittura respinte senz'altro. Per il Rahner la teologia dogmatica era una strada che doveva riguardare solo chi già credeva e voleva approfondire e che non era utile invece all'evangelizzazione dei non credenti; secondo lui gli ormai classici concetti della teologia erano incrostati di cose inutili, erano rigidi e producevano crisi di fede, non essendo più rispondenti alla cultura dinamica e bisognosa d'indagine dell'età contemporanea, la quale partiva ormai dal basso, dall'antropologia, e non più da Dio; bisognava cioè tralasciare il criterio che calava dall'alto e indottrinava, ch'era proprio della Scolastica e in particolare di san Tommaso d'Aquino: poiché moltissimi ormai respingevano come inverosimile l'idea che Cristo fosse Dio fattosi uomo, si falliva assai probabilmente se, per evangelizzare, si voleva partire da Dio per discendere poi all'uomo Gesú, invece d'iniziare storicamente dalla sua figura per risalire al Dio uno e trino cristiano.

Come avevo scritto altrove[41] sulla base di altra

---

[41] Cfr. "Gesù, nato nel 6 a.C., crocifisso nel 30, un approccio storico al

bibliografia e indipendentemente da testi rahneriani, necessitava partire dalla testimonianza dei cristiani del I secolo su Gesù di Nazareth morto e, secondo i suoi apostoli e discepoli, risorto, e scoprire i motivi per cui tali persone, che alla sua morte erano del tutto deluse e desiderose solo di fuggire, avessero capovolto il loro atteggiamento all'improvviso; e prima ancora bisognava capire per quali ragioni le fonti neotestamentarie non hanno solo carattere teologico ma pure aspetti storici, alla pari degli altri documenti antichi nessuno dei quali sfugge al fatto d'essere apologetico, caratteristica questa propria della storiografia dell'antichità le cui altre copie giunte a noi, oltretutto, sono meno antiche di quelle neotestamentarie.

Era inoltre idea ranheriana che la teologia restasse "campata in aria" se non si basava sopra una filosofia volta a dimostrare razionalmente che gli uomini hanno tutti una sostanziale apertura a Dio: una "buona filosofia", cioè per lui conciliabile coi dogmi cattolici e propedeutica alla fede cristiana, aprente la mente dell'uomo all'accoglienza della Rivelazione; per questo filosofo e teologo la filosofia in sé, prescindendo cioè da agganci teologici, si poteva dire cristiana quando sapeva dimostrare che l'uomo è strutturalmente aperto alla Parola, cioè, com'egli diceva, è "intrinsecamente battezzabile"; in tal modo la filosofia sboccava naturalmente nella teologia e questa entrava nella strada dell'ecumenismo, obiettivo essenziale quest'ultimo anche del concilio Vaticano II. Il Rahner riteneva che seguendo il metodo antropologico, che chiamava anche

Cristianesimo", Civitavecchia (Roma), 2003 e 2008; fuori catalogo, ma disponibile gratuitamente in ebook epub all'indirizzo https://store.kobobooks.com/itIT/ebook/gesunatonel6acerocifissonel30 e in ebook pdf all'indirizzo http://www.lulu.com/shop/guidopagliarino/ges %C3%BAnatonel6acerocifissonel30unapprocciostoricoal-cristianesimo/ebook/product21880577.html antropocentrico, si accordassero perfettamente all'antropocentrismo il teocentrismo e, in esso, il cristocentrismo; affermava che l'uomo è centrale all'universo proprio come Dio, ma che questo non riduce affatto la superiorità assoluta e indiscussa di Dio in quanto il Figlio, seconda Persona della Trinità, è perfettamente uomo, l'uomo incarnato ed entrato nella storia umana come Gesù di Nazareth. Rahner rifiutava del vecchio metodo teologico anche l'idea che l'uomo fosse uno dei tanti argomenti della teologia, e lo rendeva centrale evidenziando che discutere su Dio nel Cristianesimo significava necessariamente discorrere centralmente di antropologia, proprio perché Cristo, per la Rivelazione, è l'uomo perfetto, secondo la testimonianza storicoecclesiastica, da imitare, onde era indiscutibile che la centralità di Cristo è centralità sia di Dio, sia dell'essere umano.

Si può ben comprendere insomma con quanto amore per Dio e rispetto per l'essere umano il Rahner, avendo centrale Cristo Dio e uomo nell'àmbito del suo metodo antropologico-trascendentale, avesse parlato di evoluzione e di ominizzazione.

Pierre Teilhard de Chardin

Il sacerdote gesuita Pierre Teilhard de Chardin (1881-1955) era un celebre geologo e paleoantropologo che aveva partecipato alla scoperta in Cina del Sinantropo e agli scavi di Australopiteci nell'Africa meridionale datando egli stesso ogni volta l'anzianità dei reperti grazie alle sue profonde conoscenze geologiche. Accoglieva, come tutti i colleghi con cui aveva lavorato, la congettura evoluzionista, ma considerando il Nuovo Testamento, primariamente lettere di Paolo e Vangelo di Giovanni, era giunto a una sua visione cosmicoteologica evoluzionista.

Da giovane aveva conosciuto e aveva letto le opere, restandone influenzato, del filosofo premio Nobel Henry-Louis Bergson (1859-1941) ed era stato soprattutto colpito dal saggio "L'evolution creatrice"[42].

Il Bergson era il più famoso esponente della corrente filosofica dello spiritualismo, avversaria del positivismo pur avendo egli subìto una certa influenza dalle idee evoluzioniste positiviste di Herbert Spencer (1820-1903). È noto che il positivismo, col suo scientismo, nell'esaltazione ottimistica delle scienze sperimentali e del calcolo esatto, reclamava, e reclama, per la scienza il ruolo esclusivo di strumento di conoscenza e, in conseguenza, di guida per gli esseri umani, come individui e come società, pretendendo d'essere base civile, morale e, ma in senso assai critico, religiosa. Peraltro, il citato Spencer aveva notato, positivisticamente, analogie fra ogni individuo della specie umana e *l'organismo* sociale, rilevando che essi vedono modificare la loro struttura nel tempo in modo sempre più complesso, aumentando la interdipendenza fra le loro parti, mentre tanto la specie che la società sopravvivono alla morte delle loro componenti, rispettivamente degli individui umani e delle singole istituzioni: il suo pensiero era evidentemente fondato sia sul darwinismo, sia sulla sociologia organicistica del fondatore del positivismo Auguste Comte; da simili idee si sarebbe giunti all'eugenetica, fino alle aberranti pratiche naziste. Anche su quelle particolari idee spenceriane il Bergson aveva preso le distanze. Henry-Louis Bergson ammetteva che l'intelligenza è strumento di conoscenza, ma non riteneva che fosse

[42] Pubblicata nel 1909. Edizione italiana: Henri Bergson, "L'evoluzione creatrice", trad. e cura dell'opera di F. Polidori, Milano (già Torino), 2002.

l'unico mezzo per conoscere, a differenza di quanto affermavano i razionalisti materialisti, e pensava che l'intuizione precedesse l'azione analitica della ragione e fosse, a propria volta, una forma di conoscenza: si trattava d'una sorta di mescolanza dualistica di intuizione e intelligenza rimandante al classico dualismo tra spirito (leggi *intuizione*), e materia (leggi *intelligenza* che ricerca e valuta i dati del reale). Il Bergson a differenza dello Spencer considerava la stessa teoria dell'evoluzione in un'ottica spiritualista e non materialista; ne respingeva però l'ipotesi finalistica non meno di quanto rifiutasse il meccanicismo darwinista ch'era il cardine del positivismo. Per lui il fondamento dell'evoluzione era un *élan vital*, uno slancio, o spirito, vitale che spingeva la materia verso realizzazioni sempre più complesse lungo molte strade evolutive: alcune si fermavano, altre, che da quelle si diramavano, proseguivano, e la spinta creatrice insita nello sviluppo evolutivo confluiva, a mano a mano, in quelle nuove vie su cui continuava a transitare l'evoluzione; in certo modo, lo slancio vitale era per il Bergson il soggetto guidante quella che chiamava la "evoluzione creatrice". Torniamo per un momento, ad esempio, alle nostre osservazioni sulla proscimmia dalla quale si dividono, secondo ipotesi contemporanee, la linea che conduce allo scimpanzé, da una parte, e quella che porta all'uomo, dall'altra: volendo vederla alla Bergson, potremmo dire che l'evoluzione della proscimmia s'era fermata a un certo punto (sappiamo peraltro che certe forme di proscimmie esistono ancor oggi) perché abbandonata dallo spirito vitale, e che dalla stessa proscimmia erano venute due nuove linee d'evoluzione e ch'era stato lo stesso slancio vitale, passato oltre, a portare da una parte allo scimpanzé e dall'altra all'essere umano. Lo slancio vitale bergsoniano insito nella materia richiama un po' quella congettura del Lamarck di cui già abbiamo parlato, respinta nel '900 in sede scientifica, per la quale nei viventi è insita un'intima spinta al mutamento che li rende sempre più complessi nelle successive generazioni.

Pur se molto interessato nei primi tempi alle idee evoluzioniste del Bergson, Pierre Teilhard de Chardin se ne era allontanato rifiutando il dualismo bergsoniano e rimanendo fermissimo nel suo monismo cristiano. Egli aveva constatato che niente dimostrava che lo spirito vitale bergsoniano corrispondesse a un'idea intelligente creatrice insita nella materia stessa, idea che, oltretutto, secondo HenryLouis Bergson non indirizzava l'evoluzione biologica a un fine: per il Teilhard de Chardin quello slancio vitale non poteva dipendere, fino a prova contraria che però non era stata fornita, dalla mera potenzialità della materia.

Padre Pierre aveva messo in evidenza nelle sue opere, secondo il Cristianesimo, il finalismo dell'universo in cui la materia era creata rivolta ai viventi, i viventi all'Homo sapiens sapiensAdamo, questi in vista dell'uomo Gesù, e in cui Gesù Cristo uomo e Dio s'era incarnato per la salvezza eterna del genere umano; e ancora non molto prima di morire il Teilhard de Chardin aveva sottolineato questo concetto nell'opera "Le Phénomène Humain" [43]. Egli era stato ispirato non dal darwinismo né dal neodarwinismo con la sua teoria sintetica, abbracciato dai colleghi paleontologi di questo religioso dei quali, come cristiano, padre Pierre respingeva il materialismo, ma dalle idee del Lamarck il quale, come sappiamo, aveva congetturato, anche se non secondo un'ottica religiosa essendo egli un materialista illuminista, che negli esseri viventi ci fosse un'intima spinta al mutamento tendente alla

---

[43] La prima edizione di "Le phénomène humain" è dell'anno seguente, presso Les Éditions du Seuil, Paris, 1956. L'ultima edizione italiana mentre sto scrivendo è: Pierre Teilhard de Chardin, "Il fenomeno umano", trad. di F. Mantovani, Brescia, 3ª ed., 2006. L'opera, riprodotta anastaticamente in formato elettronico, è anche scaricabile gratuitamente, in vari formati, dal sito dell'UQAC, "Université di Quebec à Chicoutimi", collegandosi qui: http://classiques.uqac.ca/classiques/chardin_teilhard_de/phenomene_humain/ph enomene_humain.html

perfezione, come in seguito avrebbe analogamente supposto il Bergson col suo slancio vitale. Il lamarckismo era meno distante del neodarwinismo dall'idea teilhardiana di evoluzione finalistica verso il preciso obiettivo del Cristo Pantocràtor, il Signore dell'universo. Il Teilhard de Chardin era assertore di quella che chiamava *ortogenesi* contemplante una sorta di saetta evolutiva lanciata da Dio. Si trattava d'un finalismo che si svolgeva attraverso l'influenza di cause secondarie fisiche e biologiche che la scienza paleontologica poteva rintracciare e analizzare, predeterminate però sul piano dell'Essere dalla causa primaria della volontà divina.

Così come Karl Rahner, anche Pierre Teilhard de Chardin aveva preso le mosse dall'aspirazione a togliere di mezzo ostacoli alla fede dovuti alla situazione socioculturale del suo tempo, ormai volto alla secolarizzazione soprattutto a causa di certe scoperte scientifiche; in particolare era stato spinto dall'inquietudine riscontrata nei credenti più colti dalla scoperta, nel XIX secolo, del secondo principio della termodinamica, legato alla freccia del tempo, per il quale qualunque sistema macroscopico – non microscopico – passa sempre da uno stato ordinato a uno disordinato, onde le trasformazioni d'ogni sistema fisico macroscopico, e dunque dell'intero cosmo, avvengono in una sola direzione, verso il massimo disordine (entropia). Scriveva che il problema da risolvere era quello di *"conciliare praticamente il naturale e il soprannaturale in un unico e armonioso orientamento dell'attività umana"* [44]; ed era l'entropia, in primo luogo, ad apparire, ai meno preparati religiosamente, in contrasto alla visione, nella Genesi, di Dio compiaciuto della bontà del suo universo

_____

[44] Cfr. N. M. Wildiers, Introduzione a Teilhard de Chardin, traduzione dal francese di Caterina Conio, Milano, 1966.

Nell'allegoria della Genesi, Dio si compiace del suo creato *prima* che Adamo compia il peccato, non dopo, un peccato che porta non solo la vita dell'uomo alla sofferenza e alla morte, ma che causa nel mondo un disordine generale.

In secondo luogo, l'entropia sembrava contraria all'idea cristiana del cosmo creato a mezzo della seconda Persona trinitaria, quel Figlio che è negazione del disordine perché è il Logos, è la Ragione assoluta; Cristo però, proprio secondo la Rivelazione cristiana, con la sua venuta in terra indirizza sì all'ordine, ma a un ordine cosmico che non è istantaneo e giungerà alla fine dei tempi, essendo lasciata da Dio al singolo essere umano la libertà, la quale comporta anche il peccato di ogni *adamo*. Si veda in merito la neotestamentaria prima lettera paolina ai Romani:

"*La creazione stessa attende con impazienza la rivelazione dei figli di Dio; essa infatti è stata sottomessa alla caducità – non per suo volere, ma per volere di colui che l'ha sottomessa – e nutre la speranza di essere lei pure liberata dalla schiavitù della corruzione, per entrare nella libertà della gloria dei figli di Dio. Sappiamo bene infatti che tutta la creazione geme e soffre fino ad oggi nelle doglie del parto*" (Romani 8, 1922).

Padre Pierre aveva dunque pensato di superare il turbamento dei credenti colti ma sprovveduti in teologia, che in molti casi aveva procurato la loro caduta nel pessimismo e nella miscredenza, presentando loro teologicamente un'evoluzione che per volontà divina aveva condotto all'Homo sapiens sapiens e alla sua umana coscienza; e nonostante l'entropia, dato che l'insieme delle menti umane costituisce, in un certo senso, la mente dell'universo, si trattava in fin dei conti d'un progresso per il cosmo che, da Adamo in poi, poteva ragionare su di sé. Per il Teilhard l'evoluzione dell'uomo continuava ancora, ma ormai solo nel mondo dello spirito umano che chiamava la *noosfera* [45]. Per questo teologo tale processo era irreversibile rimanendo in atto l'opera dello Spirito, in quell'evoluzione cosmica che includeva quella biologica ed elevava la biosfera a unità organiche sempre più complesse, passando per l'uomo e puntando oltre, alla noosfera, per giungere alla piena spiritualizzazione, alla *Cristosfera*, pur se, d'altro canto, la materia, a causa dell'entropia, era indirizzata a stati di disgregazione. Secondo padre Pierre si trattava per il cristiano di accertare le relazioni fra la Persona dell'UomoÐio e l'universo creato dal Padre a mezzo dello stesso Figlio con l'intervento dello Spirito santo (le due *Mani divine* di cui avevano metaforicamente parlato antichi scrittori della Chiesa), stabilendo, dall'ottica evolutiva, la posizione e la funzione centralissima di Cristo nella storia dell'universo in cui la Terra era soltanto un piccolo pianeta con una biosfera in cui s'era realizzato, secondo questo teologo sicuramente per volontà divina, il processo meraviglioso dell'ominizzazione. Si trattava ancora una volta dell'antico problema dei rapporti fra Dio e il mondo, già affrontato dai padri della Chiesa. Pierre Teilhard de Chardin ben conosceva la storia del Cristianesimo e sapeva altrettanto bene, come riferisce il suo esperto Norbertus M. Wildiers [46], che "*in questa religione c'è una Persona, la persona di Cristo, che*

---

[45] In ambiente profano la parola noosfera indica la sfera del pensiero umano che costituisce la terza fase dello sviluppo del nostro pianeta, successiva a quella della materia inanimata, geosfera, e alla seguente della materia vivente, la biosfera. Il termine noosfera origina dall'unione della parola greca νους (traslitterato usualmente in italiano in nous, ma da pronunciarsi preferibilmente nus) che significa in sostanza mente, e di sfera, in analogia alle parole biosfera e atmosfera.

*occupa un posto centrale. Il Cristo non è solo il fondatore e l'annunciatore di un messaggio; è al tempo stesso il contenuto di tale suo messaggio. Si diventa cristiani non perché si aderisce a una certa dottrina e si pratica una certa morale, ma soprattutto unendosi, 'incorporandosi' in Lui. Tale persona ha inoltre preannunciato il suo ritorno alla fine dei tempi, come coronamento e completamento della storia. In seguito a quel preannuncio il Cristianesimo orienta i fedeli non verso il passato, ma verso l'avvenire, e insegna loro a vivere con lo sguardo rivolto verso il Cristo glorioso della Parusìa. Il ritorno glorioso del Cristo deve essere preparato con la lenta costruzione del suo Corpo mistico (*si parla qui del rinnovamento e della purificazione continui della Chiesa, com'è nella Tradizione secondo il principio 'Ecclesia semper renovanda et purificanda' N.d.A.*) poiché il Cristo totale consiste proprio nell'unione in Lui dell'umanità redenta: 'Totus Christus, caput et membra' (S. Agostino). Il mondo costituisce il 'pleroma' del Cristo, in cui tutto ciò che si trova nel cielo e sul In ambiente profano la parola noosfera indica la sfera del pensiero umano che costituisce la terza fase dello sviluppo del nostro pianeta, successiva a quella della materia inanimata, geosfera, e alla seguente della materia vivente, la biosfera. Il termine noosfera origina dall'unione della parola greca* νους *(traslitterato usualmente in italiano in nous, ma da pronunciarsi preferibilmente nus) che significa in sostanza mente, e di sfera, in analogia alle parole biosfera e atmosfera.la terra verrà ricapitolato e posto di nuovo sotto un Capo unico, il Cristo, e così unificato per sempre. La legge suprema della morale cristiana si riassume nell'amore per il prossimo. Il cristiano non può accontentarsi di non nuocere al prossimo (amore passivo), deve invece sforzarsi di fare del bene e di aumentare la felicità e il benessere dell'umanità tutta (amore attivo). Questi elementi sono*

---

[46] N. M. Wildiers, op. cit.

peculiari del Cristianesimo e lo distinguono dalle altre religioni". Per padre Pierre il Cristianesimo era in armonia perfetta con l'intero mondo, secondo le sue parole costituiva un'*armonia di ordine superiore,* era il coronamento di tipo spirituale dell'evoluzione cosmicobiologica [47]. Sviluppando una filosofia della natura d'impront N. M. Wildiers, op. cit.a aristotelica, il de Chardin era giunto a formulare una sua *legge di complessità crescente,* secondo una contemplazione evolutiva del creato che aveva un che di Analogamente, per gli antichi apologisti e per i padri della Chiesa lo stesso Cristianesimo era stato il coronamento della filosofia greca. Analogamente, per gli antichi apologisti e per i padri della Chiesa lo stesso Cristianesimo era stato il coronamento della filosofia greca.mistico; egli vedeva la natura di tutti i viventi quale quella di organismi preparati da Dio, secondo i suoi innumerevoli fin Analogamente, per gli antichi apologisti e per i padri della Chiesa lo stesso Cristianesimo era stato il coronamento della filosofia greca.i, all'autonomia e alla durata verso l'Essere, essendo collegate tutte le specie viventi in un solo *albero filogenetico* [48]; padre Pierre aveva infatti ben presente il capitolo 8 della lettera paolina ai Romani [49] dove si leggeva: *"La creazione stessa attende con impazienza [...] e nutre la speranza di essere lei pur N. M. Wildiers, op. cit.e liberata dalla schiavitù della corruzione, per entrare nella libertà della gloria dei figli di Dio".* Mentre per Charles Darwin parlare di progresso e d'una specie superiore non aveva significato, per Pierre Teilhard de Chardin, sì. Per lui tutto era condotto direttamente da Cristo, il *Cristo evolutore,* passando per l'ominizzazione e mirando al punto Omega, in

---

[47] Analogamente, per gli antichi apologisti e per i padri della Chiesa lo stesso Cristianesimo era stato il coronamento della filosofia greca.

[48] Considerando l'origine di tutti gli organismi dalle prime cellule viventi.

[49] Romani 8, 1922

una pneumatizzazione del cosmo intero, la noosfera sempre più spirituale mirante al punto d'arrivo perfetto della Cristosfera, della Parusia, cioè del secondo ritorno di Cristo trionfante alla fine del mondo. Questo scienziato e teologo aveva ben presente che per la Chiesa Cristo è il *Re dell'universo* e aveva chiaro il san Paolo della neotestamentaria lettera ai Colossesi affermante l'universale dimensione della Redenzione, quel Paolo che aveva scritto di Cristo: "*Egli è immagine del Dio invisibile, generato prima di ogni creatura; poiché per mezzo di lui sono state create tutte le cose, quelle nei cieli e quelle sulla terra, quelle visibili e quelle invisibili: Troni, Dominazioni, Principati e Potestà. Tutte le cose sono state create per mezzo di lui e in vista di lui. Egli è prima di tutte le cose e tutte sussistono in lui. Egli è anche il capo del corpo, cioè della Chiesa; il principio, il primogenito di coloro che risuscitano dai morti, per ottenere il primato su tutte le cose. Perché piacque a Dio di fare abitare in lui ogni pienezza e per mezzo di lui riconciliare a sé tutte le cose, rappacificando con il sangue della sua croce, cioè per mezzo di lui, le cose che stanno sulla terra e quelle nei cieli*"[50]. Ancora, il Teilhard si rifaceva ai versetti 2830 del già citato capitolo 8 della lettera paolina ai Romani: "*Del resto, noi sappiamo che tutto concorre al bene di coloro che amano Dio, che sono stati chiamati secondo il suo disegno. Poiché quelli che egli da sempre ha conosciuto* [51] *li ha anche predestinati ad essere conformi all'immagine del Figlio suo, perché egli sia il primogenito tra molti fratelli; quelli poi che ha predestinati*[52] *li ha anche chiamati; quelli che ha chiamati*

---

[50] Colossesi 1, 1520

[51] Cioè tutti, nella sua onnisciente preveggenza.

[52] Nel senso di volere la salvezza eterna di tutti gli esseri umani, non di sceglierne alcuni e altri no come invece s'interpreta in certe aree cristiane non cattoliche e predestinazioniste.

li ha anche giustificati; quelli che ha giustificati li ha anche glorificati". Il Teilhard aveva inoltre in evidenza il Vangelo secondo Giovanni, laddove è riportata, fra l'altro, la promessa di Cristo: "*Io, quando sarò elevato da terra, attirerò tutti a me*"[53] e anche il prologo al quarto Vangelo, in particolare dove si legge: "*Il logos divenne carne (sarx)*" [54], cioè s'incarnò nell'uomo Gesù, in quello specifico Homo sapiens sapiens nazareno, in quel bambino che, secondo la fede cristiana, una volta cresciuto avrebbe ammaestrato con l'esempio e la parola all'amore per tutti, anche per i nemici [55], e sarebbe morto ammazzato su di una croce a causa, in primo luogo, delle aspre critiche che aveva rivolte ai potenti d'Israele; ma che secondo la successiva testimonianza dei suoi diretti apostoli e discepoli, molti dei quali avrebbero perso la vita per fornirla, sarebbe risorto dopo la morte aprendo agli uomini la via del trascendente, nonostante la loro naturale bestialità, cioè malgrado quel corpo umano animalepsichico di cui parla san Paolo nella 1ª Corinzi. Scriveva il Teilhard: "*Il Cristo* hic et nunc *ha per noi la posizione e la funzione del punto Omega.* [...] *L'essenza del Cristianesimo non è né più né meno che la credenza nella unificazione del mondo in Dio per mezzo dell'Incarnazione*"[56]. In altri termini, nella sua teologia il Regno di Dio si realizza proprio nell'evoluzione cosmica e biologica portando alla nascita di Gesù Cristo e compiendosi nella Cristosfera, cioè nel ritorno di Cristo alla fine dei tempi in quella Parusìa che padre Pierre chiama anche il punto

---

[53] Giovanni 12, 32

[54] Giovanni 1, 14

[55] L'amore per il prossimo era già obbligo religioso presso i credenti ebrei, ma prima di Gesù nel concetto di prossimo non erano inclusi i nemici, come ad esempio i samaritani e gli occupanti romani.

[56] Riportato da N. M. Wildiers, op. cit.

Omega dell'evoluzione. Per lui, però, Cristo è congiunto all'universo non solo in senso morale e giuridico, ma strutturalmente e organicamente com'egli ritiene di poter desumere dalla lettera paolina ai Colossesi, la quale dice che, fin dalla Creazione, il mondo è orientato verso Cristo, che *tutto è stato creato per lui* [57]: sarà proprio questo in sostanza, come vedremo fra breve, a far condannare nel 1962 la sua teologia, giudicata dal Sant'Uffizio,   forse un   po' troppo sbrigativamente? panteistica. Per questo teologo il mondo trova congruente unità in Cristo e il punto Omega è quanto dona all'intera evoluzione cosmica la sua unità finale, a cui converge tutta la storia universale e in cui la molteplicità si concentra nell'unità: come dice il Vangelo, Cristo è *pietra angolare*[58] del piano di Dio sul mondo; e come scrive san Paolo sempre nella lettera ai Colossesi [59], *tutte le cose in lui consistono*, tutto è in lui unificato e solo Cristo è il vero senso della storia del mondo: il mondo inferiore all'uomo è orientato all'uomo, l'uomo a Cristo e Cristo a Dio, cioè in linguaggio teilhardiano "*la cosmogenesi sfocia, per mezzo della biogenesi, nella noogenesi: la noogenesi trova tuttavia il suo compimento nella Cristogenesi*"[60].

Come ha scritto l'esegeta e divulgatore teilhardiano Norbertus M. Wildiers, per padre Pierre "*il mondo passa da situazioni imperfette ad altre più perfette. […] Tuttavia, […] una volta che l'evoluzione è giunta alla fase dell'uomo,*

---

[57] Colossesi 1, 16

[58] "*La pietra scartata dai costruttori è divenuta testata d'angolo; ecco l'opera del Signore: una meraviglia ai nostri occhi*" (Salmo 117 (118), 2223); e si vedano nel Nuovo testamento, con precisi riferimenti al Cristo della pietra scartata, la 1ª lettera di Pietro, 2, 18 e il Vangelo di Matteo 21, 42.

[59] Colossesi 1, 17

[60] N. M. Wildiers, op. cit.

dotato di coscienza riflessa e di libertà, fa ingresso nel mondo anche il male morale. Poiché l'uomo è anch'esso un essere imperfetto e incompleto. Fin tanto che non avrà realizzato il suo ultimo destino, il peccato sussisterà. Più si eleveranno la sua coscienza e la sua libertà, più aumenterà la sua coscienza, tanto nel bene come nel male. […] Teilhard riconosce l'esistenza del male, non solo ma il male, nella sua concezione, acquista una dimensione cosmica poiché costituisce un fenomeno inevitabilmente coestensivo a tutta l'evoluzione, in un mondo che deve trovare il suo perfezionamento attraverso una lotta lenta e difficile. Il suo ottimismo non è il risultato di una sottovalutazione del male nel mondo, ma deriva dalla convinzione che alla fine il male sarà vinto dal bene".

Il de Chardin era fedele ai dogmi della Chiesa, compresa la verità rivelata sul peccato originale ch'egli accoglieva secondo la lettera di Paolo ai Romani (3, 1926) che il concilio ecumenico di Trento aveva indicato, secoli prima, quale precisa fonte di quel dogma:

Scriveva san Paolo: "*Ora, noi sappiamo che tutto ciò che dice la legge lo dice per quelli che sono sotto la legge, perché sia chiusa ogni bocca e tutto il mondo sia riconosciuto colpevole di fronte a Dio. Infatti in virtù delle opere della legge nessun uomo sarà giustificato davanti a lui, perché per mezzo della legge si ha solo la conoscenza del peccato. Ora invece, indipendentemente dalla legge, si è manifestata la giustizia di Dio, testimoniata dalla legge e dai profeti; giustizia di Dio per mezzo della fede in Gesù Cristo, per tutti quelli che credono. **E non c'è distinzione: tutti hanno peccato e sono privi della gloria di Dio** , ma sono giustificati gratuitamente per la sua grazia, in virtù della redenzione realizzata da Cristo Gesù. Dio lo ha prestabilito a servire come strumento di espiazione per mezzo della fede, nel*

suo sangue, al fine di manifestare la sua giustizia, dopo la
tolleranza usata verso i peccati passati *, nel tempo della*
divina pazienza. Egli manifesta la sua giustizia nel tempo
presente, per essere giusto e giustificare chi ha fede in
Gesù": Paolo vi ha presente il racconto genesiaco del
peccato di Adamo (ricordo che significa L'uomo e che la
figura adamitica è simbolo degli esseri umani di ogni
generazione), ma evidenzia l'aspetto della solidarietà nel
male di tutto il genere umano, di fatto il male che ciascuna
persona incontra nei propri peccati individuali derivanti
dalla libertà concessa da Dio, come la Genesi evidenzia a
proposito del primo peccato, il peccato originale d'Adamo.

Padre Teilhard accoglieva anche il dogma sull'inferno
ch'egli considerava una realtà che conferiva al cosmo una
particolare gravità, connessa alla libertà umana suscettibile di
tentazione al male, nella possibilità del dramma definitivo e
irrimediabile del peccatore impenitente, per sua libera scelta
di odio verso Dio; padre Pierre non era dunque un teologo
mistico pieno di ottimismo naturalistico a tutti costi, come
qualcuno ha creduto di vederlo, ma un uomo e un cristiano
ben consapevole del tormento esistenziale del peccato e del
dolore.

Poiché Pierre Teilhard de Chardin individua
nell'evoluzione un progetto intelligente e ordinato d'origine
divina, che induce l'energia (altro aspetto della materia) di cui
è fatto l'universo, a organizzarsi in forma sempre più alta e
complessa sulla Terra, fino all'uomo e a Cristo, si tratta per
lui di *santa evoluzione* e di *santa materia*, di *potenza
spirituale della materia*, avendo egli presente anche il Paolo
della lettera ai Romani il quale scriveva: "*Io so, e ne sono
persuaso nel Signore Gesù, che nulla è immondo in sé stesso;
ma se uno ritiene qualcosa come immondo, per lui è*

immondo"[61]. Il Teilhard vedeva nella materia addirittura la sorgente armoniosa delle anime (anime in significato paolino, cioè in senso psichico), avendo ben evidente la 1[a] lettera ai Corinzi la quale parla di *corpo materiale* (alla lettera: *animale*) *psichico*, cioè un corpo umano esprimente una sua individuale psiche, una propria mente; si potrebbe forse dire: nell'insieme un inscindibile sinolo umano, come quello aristotelico, ma non mortale come in Aristotele, bensì aperto all'eternità, o in altre parole, un corpo dotato di anima non spirituale ma psichica e, tuttavia, attenzione! grazie a Cristo, quell'intera persona essendo rivolta a trasformarsi dopo la morte divenendo *spirituale*, così come promesso da Dio nel Nuovo Testamento e in questo, in particolare, nella 1[a] Corinzi; e per il Teilhard non vi erano la materia e lo spirito umani, ma esisteva soltanto una materia che diventava alla fine del mondo tutta spirito emergente dalla Materia stessa, da lui scritta con la maiuscola perché messa in atto dallo Spirito di Dio, e predestinata da lui a essere spirito, in una manifestazione di volontà veniente dal divino e umano Signore di tutte le cose, il Cristo Pantocràtor: un'operazione pancosmica.

Per inciso: Fatti i debiti distinguo, potremmo vedere un po' in questo processo e nel suo punto d'arrivo l'apocatàstasi di cui scriveva l'antico scrittore ecclesiastico Origène (nato fra 183 e 187 e morto verso il 253): Origène si basava sulla 1[a] lettera ai Corinzi, 15, 28, che afferma: "*E quando tutto gli sarà stato sottomesso, anche lui, il Figlio, sarà sottomesso a Colui che gli ha sottomesso ogni cosa, perché Dio sia tutto in tutti*": per lui alla fine dei tempi ci sarebbe stata la redenzione universale, cioè tutte le creature sarebbero state reintegrate appieno nel divino, anche il diavolo e i dannati, intesi platonicamente come anime spirituali viventi, per cui le pene infernali

---

[61] Lettera ai Romani 14,14

sarebbero state solo una lunghissima purificazione delle anime, non del corpo. Secondo quello scrittore ecclesiastico (non padre della Chiesa come a volte si legge), il disegno di Salvezza non poteva essere completo se mancava tra i salvati anche un solo essere vivente razionale. La dottrina dell'apocatàstasi era stata accolta da altri antichi teologi orientali, ma era stata condannata come eretica dalla Chiesa, molto tempo dopo la morte del suo autore, durante il V concilio ecumenico di Costantinopoli del 553; infatti l'inferno era, ed è, un dogma. La condanna aveva peraltro riguardato solo la dottrina di quel teologo e non la sua nobile figura di credente, oltretutto morto in seguito a torture subite per testimoniare la propria fede in Cristo. Mi pare che sia più interessante tuttavia considerare non come l' **inferno** fosse inteso da Origène e dagli altri cristiani platonici, ma come sia presentato nel Nuovo testamento, i cui 27 libri furono scritti nel I secolo all'incirca fra gli anni 50 e 100 – sono citati in diversi documenti del II secolo –, e capire così come fosse visto nella prima Chiesa. Dico anzitutto che bene sarebbe, come sarà chiaro fra poco, parlare di **inferi** – o ade –, cioè di sottosuolo, e non d'assonante inferno, parola che richiama allegoriche immagini alla Dante. Nei Vangeli Gesù parla di **geenna** mentre lo stesso concetto è etichettato con l'espressione **stagno di fuoco** nell'Apocalisse; e la geenna era un luogo presso Gerusalemme dove si bruciavano le immondizie: poiché duemila anni fa non si conosceva il principio del *nulla si crea e nulla si distrugge*, si pensava che quant'era stato bruciato più non esistesse; dunque l'inferno era l'annichilimento del peccatore, era il suo non esistere più come persona, l'essere sepolto, così come era nell'uso ebraico per i cadaveri, e restare morto per l'eternità negli inferi della terra. In altri termini, nella Chiesa delle origini si credeva che un essere umano, cioè un *corpo animale-psichico* di cui alla 1 ª Corinzi, se non si era pentito dei suoi peccati non si trasformava in spirituale e non era assunto nell'eterno Spirito di Dio, l'impenitente restava morto in eterno nella sua tomba: inferno-inferi non vissuto, morte eterna senza assunzione a Dio. Solo dopo circa un secolo e mezzo dall'inizio del Cristianesimo, con la platonizzazione del medesimo, l'anima umana verrà intesa come spirituale immortale fin dall'attimo del concepimento della persona e si perderà di fatto il concetto di trasformazione del salvato in spirituale solo al momento della morte, come recita invece la più volte citata 1ª lettera ai Corinzi neotestamentaria; e dalla fine del II secolo la *psyché* paolina sarà vista in sostanza come *pneyma*, cioè come spirituale fin dall'inizio dell'esistenza d'una persona. Per approfondire si possono vedere i miei saggi divulgativi "La vita eterna, saggio sull'immortalità tra Dio e uomo", cit., e "È Uomo", cit.; in questo secondo lavoro cito fra l'altro uno scritto della seconda metà del II secolo dell'apologista cristiano Taziano, in cui il concetto di morte eterna del peccatore non pentito è chiarissimo (Taziano diventerà successivamente un eretico gnostico passando così al più estremo spiritualismo, ma è altro discorso).

Quella che padre Pierre chiamava l'*Etoffe de l'univers*, la Stoffa dell'Universo, era la MateriaSpirito. La materia era veramente centrale per lui. Nel 1950 Pierre Teilhard de Chardin aveva ancora steso una sorta di autobiografia scientificospirituale incentrata proprio su "Le coeur de la matière"[62], lavoro che sarebbe stato pubblicato soltanto nel 1976 nell'ambito dell'edizione delle sue complete *Oeuvres* a cura del nominato teologo Wildier. L'autore confessava in quell'opera come la scienza e la teologia fossero confluite in lui in una spontanea sintesi, così come materia e spirito; ed egli concludeva l'opera con una Preghiera a Cristo.

Il Teilhard aveva espresso, via, via, le proprie idee

---

[62] Edizione italiana: Pierre Teilhard de Chardin, "Il cuore della materia", prefazione di N. M. Wildier, traduzione di A. Daverio, Brescia, 2007 (comprendente in calce il testamento culturale e spirituale dell'autore, "Il cristico", scritto appena un mese prima della morte.

teologiche in molti lavori, tutti lasciati da lui prudentemente inediti e pubblicati dopo la sua morte da suoi estimatori, con gran successo anche di pubblico profano: ne erano venute non solo prevedibili critiche dall'ambiente scientifico neodarwinista, ma all'inizio degli anni '60 anche sospetti in ambiente ecclesiastico sull'ortodossia dei suoi saggi teologici: in un primo tempo c'era stata una ferma reazione dell'autorevole "La Civiltà Cattolica", rivista condotta sin dalla fondazione nel 1850 da religiosi gesuiti, così come gesuita era stato lo stesso padre Pierre; nel 1962 le opere teologiche teilhardiane erano finite sanzionate da un Monito del Sant'Uffizio [63,] che, pur facendo salva la figura cristiana

---

[63] Monito del Sant'Uffizio riportato su L'Osservatore Romano del 30 giugno 1962 e rintracciabile oggi su internet. In sostanza quel Monito afferma che bisogna dissentire dal Teilhard in tutti i casi in cui le opinioni dell'autore dal puro campo scientifico s'estendono a quello della filosofia e della teologia; dice che i suoi scritti teologici respirano in realtà l'atmosfera delle scienze naturali e non della teologia e che si tratta d'un difetto metodologico grave e fondamentale, perché il Teilhard fa troppo spesso un'indebita trasposizione sul piano metafisico e teologico dei termini e dei concetti della teoria evoluzionistica; il Monito asserisce che non è messo in chiaro l'aspetto di causalità efficiente (che dà l'essere) cominciando dal concetto di Creazione che ritorna spesso nell'espressione "Union créatrice" – Unione creatrice: *le parole e frasi che riporto in francese sono quelle non tradotte nel Monito, le relative traduzioni in italiano sono mie N.d.A. –*, e precisa che è vero che la creazione non s'oppone all'unificazione, ma non è formalmente unificazione; il Monito nota ancora che altro concetto familiare a Teilhard è il "Néant" – il Nulla – presentato in modo che lascia perplessi i membri del Sant'Uffizio perché appare che il teologo pensi a una certa qual necessità della creazione, contro i concili Laterano IV e Vaticano I che parlano dell'assoluta libertà dell'atto creativo; inoltre nella sua concezione dei rapporti fra il Cosmo e Dio, Teilhard de Chardin ha, secondo il Sant'Uffizio, punti deboli che non si possono tacere, l'impressione è che l'autore voglia esprimere non un punto di vista limitato del nostro conoscere, ma una realtà che tocca Dio e cioè affermare che Dio, in un certo senso, cambi, si perfezioni, incorporando a sé il mondo; l'autore poi, secondo il Monito, dà al termine "complexité" – complessità – e all'espressione "Unité complexe" – Unità complessa – significati che appaiono ambigui e

dell'autore, accusava i suoi saggi teologici di contenere "ambiguità ed errori tali da offendere la dottrina cattolica", questo non per il fatto ch'essi contenevano senza dubbio l'idea evoluzionista, ormai ammessa dalla Chiesa come ipotesi, ma per il panteismo che vi pareva insito.

---

possono causare pericolosi equivoci, diversi comunque dalla comune accezione; per lui il punto Omega è nello stesso tempo il Cristo risorto: "Le Christ de la Révélation n'est pas autre que l'Oméga de la Evolution […] le Christ sauve. Mais ne faut-il pas ajouter immédiatement qu'il est aussi sauvé par l'Evolution?" – Il Cristo della Rivelazione non è altri che l'Omega dell'Evoluzione […] il Cristo salva, ma non bisogna immediatamente aggiungere ch'egli è salvato dall'Evoluzione? –; gli autori del Monito chiudono con uno punto esclamativo la loro considerazione che Teilhard dice "en sens vrai" – in senso vero – a proposito d'una supposta "troisième nature" – terza natura – di Cristo, non umana, non divina ma *cosmica!* Essi dichiarano però di non voler prendere alla lettera l'espressione "en sens vrai" in quanto si tratterebbe d'una vera eresia; in ogni caso, sono parole che secondo loro aumentano la confusione, rendendo in tal modo facile e persino logico il legare necessariamente tra di loro Creazione, Incarnazione e Redenzione: in un certo senso Teilhard pone sullo stesso piano dell'Evoluzione quei tre misteri; per il Sant'Uffizio in lui non è chiara la distinzione e differenza fra ordine naturale e ordine soprannaturale ed è impossibile vedere come si possa in tal modo salvare, logicamente, la totale gratuità di quest'ultimo ordine e quindi della grazia. Per di più, secondo il Monito, Teilhard non conosce chiaramente nemmeno i profondi confini esistenti fra materia e spirito, confini che impediscono, è vero, i rapporti tra i due ordini (sostanzialmente uniti nell'uomo), ma che segnano le loro essenziali differenze; scrive il Teilhard: "Il n'y a pas, concrètement, de la Matière e de l'Esprit, mais il esiste seulement de la Matière devenant Esprit. Il n'y a au Monde, ni Esprit, ni Matière: l'*Etoffe de l'Univers* est l'ESPRIT-MATIERE. Aucune autre substance que celle-ci ne saurait donner la molécule humaine" – Non ci sono, concretamente, Materia e Spirito, ma esiste solamente Materia che diviene Spirito. Non c'è al Mondo, né Spirito, né Materia: la *Stoffa dell'Universo* è SPIRITOMATERIA. Nessun'altra sostanza che questa saprà dare la molecola umana –; vero è, continua il Monito, che l'essenziale distinzione di materia e spirito non è stata esplicitamente definita, ma essa

116

Come avevamo visto, quelle accuse non erano state raccolte dall'allora teologo professor Ratzinger, anche se egli aveva espresso prudenza a proposito di certo lessico teilhardiano, non teologico e un poco ambiguo; le stesse accuse del Sant'Uffizio sarebbero state inoltre sostanzialmente rigettate, anche se non ufficialmente, in una lettera scritta in occasione dei cent'anni dalla nascita di Pierre Teilhard de Chardin, nel 1981, dall'allora Segretario di Stato vaticano cardinal Agostino Casaroli e spedita al vescovo Paul Joseph Jean Poupard, poi cardinale (1985), dove si elogiava il fervore religioso del Teilhard e la sua ricchezza di pensiero, auspicando un sereno studio critico dei suoi lavori teologici.

Aveva favorito l'avversione della "Civiltà Cattolica" e la successiva condanna del Sant'Uffizio il fatto che la teologia allora dominante fosse la tomista e non la scotista francescana cui faceva riferimento il Teilhard de Chardin, anche se più di fatto, correva voce, che in seguito ad approfonditi studi sulla teologia del francescano Duns Scoto.

---

costituisce un punto di dottrina sempre insegnato nella filosofia cristiana, in quella filosofia che Pio XII nella enciclica *Humani Generis* chiama "*in Ecclesia receptam et agnitam*", "accolta e riconosciuta nella Chiesa"; e la medesima dottrina è esplicitamente o implicitamente presupposta dall'ordinario e universale insegnamento della Chiesa stessa; perciò giustamente la medesima Enciclica riprova la posizione contraria. La figura di Teilhard de Chardin è tuttavia tenuta pienamente salva dal Monito, affermando che si vuol ammettere che Teilhard, persona privata, ha avuto una vita spirituale intensa e non si vuole, evidentemente, muovere appunti alla persona, ma al metodo, al pensiero: non si vuole seguirlo né approvarlo quando, nella sua originale ascesi, dopo Dio pone il Mondo in un posto e in un valore troppo alti; la sua penna, sempre secondo il Monito, presa dall'entusiasmo, lo porta molto più in là del giusto; conclude il Monito stesso che il nostro secolo ha un estremo bisogno di autentici testimoni di Cristo, ma l'augurio è che essi non si abbiano a ispirare al *sistema* scientifico-religioso del Teilhard.

Come avevo scritto altrove[64], "*Per il tomismo l'incarnazione del Figlio-Logos non era prevista nel Progetto iniziale dell'universo e se Adamo non avesse peccato non ci sarebbe stata Incarnazione: secondo la prospettiva di Tommaso d'Aquino e dei suoi, era necessario distinguere chiaramente l'ordine della Creazione da quello della Redenzione ed era solamente accidentale il rapporto fra Cristo e l'universo. Tuttavia, per i tomisti non era e non è facile capire perché mai Cristo sia il Re dell'universo stesso, dato ch'egli appare nella loro concezione solo come il Redentore dell'umanità peccatrice e non ha una funzione organica nel complesso dell'ordine cosmico. Invece per la visione scotista francescana, Cristo è scopo e coronamento non solo dell'ordine soprannaturale ma pure di quello naturale e il cosmo è orientato verso di lui, da prima della caduta dell'Uomo, quale suo naturale compimento, onde l'ordine stesso della Creazione è inconcepibile senza Cristo; in altre parole, per lo scotismo l'Incarnazione non deriva dal fatto del peccato d'Adamo, non è qualcosa cui il Logos s'assoggetta, ma preesiste al peccato e alla Creazione nel progetto stesso del medesimo Logos, termine che significa non solo Parola e Ragione ma pure Progetto o Piano.* **Dunque Cristo si sarebbe incarnato anche se Adamo non avesse peccato** . *Il principale punto di riferimento per Duns Scoto è la lettera agli Efesini di san Paolo, capitolo 1, 3-10, e quest'ultimo versetto anzitutto: "Benedetto sia Dio, Padre del Signore nostro Gesù Cristo, che ci ha benedetti con ogni benedizione spirituale nei cieli, in Cristo. In lui ci ha scelti prima della creazione del mondo, per essere santi e immacolati al suo cospetto nella carità,* **predestinandoci** *a essere suoi figli adottivi per opera di Gesù Cristo, secondo il beneplacito della sua volontà. E questo a lode e gloria della sua grazia, che ci ha dato nel suo Figlio diletto; nel quale abbiamo la redenzione mediante il suo sangue, la remissione dei peccati secondo la ricchezza della sua*

---

[64] È Uomo, cit. disponibile gratuitamente in ebook pdf al seguente indirizzo: http://www.lulu.com/shop/guidopagliarino/%C3%83%C2%A8uomosaggio-edizioneeconomica/ebook/product-17554412.html

*grazia. Egli l'ha abbondantemente riversata su di noi con
ogni sapienza e intelligenza, poiché egli ci ha fatto
conoscere il mistero della sua volontà, secondo quanto
nella sua benevolenza* **aveva in lui prestabilito** *per*
**realizzarlo nella pienezza dei tempi: il disegno cioè di
ricapitolare in Cristo tutte le cose, quelle del cielo come
quelle della terra**".

I dubbi maggiori del Sant'Uffizio erano sorti tuttavia a causa della terminologia eccentrica usata dall'autore, con espressioni come *Super Cristo*, *Cristo universale*, *Cristo Evolutore*, estranee al linguaggio teologico del suo tempo, che era ancora quello della Scolastica medievale. Certe sue affermazioni appaiono, stando alla loro mera forma, fortemente panteiste, come ad esempio "[...] *in modo misterioso ma reale, al contatto della sostanziale Parola, l'Universo, immensa Ostia, è diventato Carne mediante la tua Incarnazione* ", e questo può sì significare qualcosa di ovvio e accettabile, cioè che, incarnandosi, il FiglioCristo ha assunto la materia del proprio corpo dall'universo tramite l'alimentazione prima ombelicale intrauterina e poi diretta, dopo la nascita, ma pure potrebbe essere scandalosamente inteso, addirittura, come il CristoUniverso in evoluzione, cioè come un cosmo evolvente di tipo panteista. Moltissimi altri potrebbero essere gli esempi rintracciabili negli scritti teilhardiani, soprattutto nei più mistici il che, però, ci può far sospettare che in questi il lirismo (forse l'estasi?) avesse sopraffatto le intenzioni dell'autore. Ancora alcuni esempi: "*Come il pagano, adoro un Dio palpabile. Riesco addirittura a toccarlo, questo Dio, in tutta la superficie e in tutta la profondità del Mondo della Materia che mi avvolge* "; " [...] *io credo fermamente che, attorno a me, tutto è il Corpo e il Sangue del Verbo*"; a proposito della fine del mondo, cioè del termine Omega usato per indicare il termine dell'evoluzione cosmica e la Parusìa: "*Su colui che avrà amato appassionatamente, Gesù nascosto nelle forze che fanno morire la Terra, la Terra venendo meno chiuderà le sue braccia gigantesche; e con essa, egli si risveglierà nel seno di Dio. […] Tutti noi siamo irrevocabilmente immersi in Te, Ambiente universale di consistenza e di vita!* ". In particolare il Teilhard usa in molte parti delle sue opere l'espressione *potenza spirituale della Materia* e la parola *energia*; eccone alcuni casi[65]: "*O Energia del mio Signore, forza irresistibile e vivente* […]"; "*Per la virtù della tua dolorosa Incarnazione, rivelaci, e poi insegnaci come captare gelosamente per Te, la potenza spirituale della Materia* "; "*Senza dubbio, Energia materiale ed Energia spirituale sono legate da qualche cosa, e si prolungano mediante qualche cosa. Alla fine ci deve essere, in qualche modo, un'Energia unica che anima il Mondo*"; "*Sì, o Signore* […] *tu stesso vivifichi per me, con la tua onnipresenza, le miriadi d'influssi di cui, a ogni momento, io sono l'oggetto.* […] *Per la loro stessa natura, queste fortunate passività che sono per me la volontà di essere, la tendenza a essere questo o quello, e l'opportunità di compiermi secondo la mia tendenza, sono già cariche del tuo influsso, un influsso che tra breve mi apparirà più precisamente come l'energia organizzatrice del Corpo mistico*"; "[…] *la Fede cristiana si rivela come una 'Energia cosmica' estremamente realistica e comprensiva*".

Coloro che avevano frequentato l'autore testimoniavano tuttavia ch'egli non era stato un panteista e che, dunque, doveva essersi espresso, nei casi contestati, sì con poca chiarezza, ma credendo in modo ortodosso che, se era vero che Dio si trovava pure *nel* proprio creato, egli non coincideva affatto col cosmo o con le sue leggi. Fors'anche

---

[65] Da, di Pierre Teilhard de Chardin, *L'inno dell'universo*, trad. Ferdinando Ormea, Milano, 1972.

per quelle testimonianze solo gli scritti erano stati condannati come eretici e non anche la figura dell'autore, anzi il Sant'uffizio aveva elogiato la personale sua fede.

Evangelizzazione e teilhardismo

Forse il pensiero del Teilhard de Chardin sul Cristo evolutore è stato, più che un solido sistema teologico, una gran visione ascetica e poetica? Considerando il linguaggio teilhardiano, in particolare in certe opere ricche di lirismo come "L'inno dell'universo", si potrebbe supporlo, senza peraltro sottovalutare il pregio d'aver presentato in modo originale e nuovo i rapporti fra scienza e fede, come d'altro canto e sotto altro aspetto si può dire della teologia rahneriana. Soprattutto non va dimenticato che il sentire teologico di padre Pierre, in sostanza, ha avuto innanzi la Rivelazione e in particolare, come s'è visto, il Vangelo di Giovanni, le lettere paoline ai Colossesi e ai Romani, cui potremmo ancor aggiungere qui quella ai Gàlati perché Paolo vi afferma che tutti gli esseri umani sono già in potenza e sono rivolti a divenire in atto un nuovo Adamo [66], cioè una nuova umanità in cui ciascuno non è per sé ma per gli altri entro il corpo mistico di Cristo il quale verrà di nuovo nella gloria e che è quello stes Analogamente, per gli antichi apologisti e per i padri della Chiesa lo stesso Cristianesimo era stato il coronamento della filosofia greca.so Gesù storico che, per il momento, è stato l'unico uomo perfetto, cioè il solo pienamente indirizzato al bene degli altri.

Resta tuttavia, a mio umile sentire, il fatto che il

_____

[66] Gàlati 3, 28

linguaggio poetico e l'ascetismo del Teilhard hanno posto in penombra la scientificità teologica di fondo della sua ricerca cristiana. È il Rahner ad apparirmi il più concreto fra i due, con la sua teologia antropologicotrascendentale che è concentrata sull'ominizzazione, senza debordare in visioni evoluzioniste finalistiche, verso lo spirito, relativamente all'uomo e a tutta la materia universale.

Quanto all'utilità dell'impianto teilhardiano per l'evangelizzazione nella nostra società ultrascientifica, ipertecnologica e scientista, non riesco a cogliere in qual modo la visione di padre Pierre possa essere veramente giovevole alla cristianizzazione degli increduli o, almeno, degli incerti, sebbene proprio quella spinta l'avesse mosso. Le sue opere teologiche, fors'anche a causa dei loro richiami all'*energia* cosmica, rischiano anzi d'ingarbugliare l'opera di ricristianizzazione dell'Occidente, dando involontariamente alimento, anche se oggi un po' meno che negli ultimi decenni, a quello che altrove [67] avevo chiamato *il minestrone New Age – Next Age* impregnato dell'idea di energie universali, più che portare a quell'evangelizzazione razionale che mi appare l'unica oggi fertile.

D'altro canto ci si può domandare se almeno ai credenti la visione teilhardiana si riveli utile quale affinamento della loro conoscenza cristiana. In tutta umiltà dubito anche di questo. Penso che, semmai, il singolo cristiano debba approfondire la conoscenza testamentaria su libri divulgativi e conferenze e, fondamentalmente, sulla lettura d'un testo biblico ben commentato, cominciando dai libri neotestamentari e andando, per ogni capitolo, a quelli veterotestamentari richiamati a margine dai curatori. Per quanto mi riguarda, pur essendo io un evoluzionista teista non

---

[67] "Cristianesimo e Gnosticismo, 2000 anni di sfida", cit., paragrafo GNOSTICISMO E VOLGARGNOSTICISMO NEW AGE – NEXT AGE.

mi sento particolarmente interessato, diversamente dalla teologia rahneriana, dall'idea di padre Pierre di un'evoluzione cristica che, dopo aver portato all'Homo sapiens sapiens, condurrebbe tutto il genere umano e l'intero cosmo materiale alla spiritualizzazione. Penso che il credente, io sicuramente, senza bisogno di visioni evolutivoascetiche veda l'opera di Cristo compiuta con la sua morte e la sua risurrezione, cioè col suo primo ritorno, mentre il secondo, la sua Parusia, arriverà come giudizio per ciascuno alla morte e, per tutti, come Giudizio universale; e a ben vedere, sempre naturalmente da un punto di vista di fede, per ogni persona quel Giudizio finale s'accompagna a quello individuale, ché morendo si esce dal mondotempo, dalla Storia, ci si svincola dal divenire e si entra nel non tempo eterno, senza bisogno dunque d'attendere un'apocatàstasi cosmica: un po' come se tutti, per il fatto d'uscire dal tempo con la morte, si ritrovassero istantaneamente assieme oltre il tempo; ma è pure nella fede cristiana che sarà la misericordia di Cristo a giudicare attirando a sé ogni persona che, pur se piena zeppa di difetti, brami di salire a lui. Ciascun Homo sapiens sapiens credente, intanto, dovrebbe a mio sentire puntare, nel corso della propria vita terrena, alla propria personalissima *evoluzione*, cioè alla propria individuale elevazione spirituale, anche se questo edificio può essere alzato utilmente, sempre secondo il credo cristiano, non solo attuando la personale volontà di bene, condizione necessaria però insufficiente, ma grazie essenzialmente alla pietra angolare Cristo – che secondo il Cristianesimo cattolico post conciliare sostiene anche l'aspirazione al bene del non credente onesto –, cioè grazie all'unico Salvatore per tutti come dice il Nuovo Testamento e, in esso, come afferma l'ultimo libro biblico, l'Apocalisse, che ne è come una sintesi simbolica.

Su Apocalisse e punto Omega teilhardiano

Non c'è nell'Apocalisse – cioè Rivelazione – una previsione del punto Omega di padre Pierre, non si parla di una apocatàstasi evolutiva, la salvezza è già stata data appieno per chiunque la desideri. Quel testo biblico ripete e ripete ai cristiani in modo martellante, con allegorie diverse, il concetto della salvezza attesa e poi raggiunta grazie a Cristo.

L'Apocalisse dev'essere ben compresa grazie a valenti esegeti, evitando così di cadere in equivoci su presunte disastrose fini del mondo che quel testo non contiene. Per un'interpretazione assai interessante, non solo delle diverse immagini, ma del messaggio di fondo dell'ultimo libro biblico, si può molto utilmente vedere, di Eugenio Corsini, Apocalisse prima e dopo, Torino, 1980 e 1993, saggio poi riedito dallo stesso editore sotto il nuovo titolo Apocalisse di Gesù Cristo secondo Giovanni, Torino, 2002. Per il professor Corsini, l'Apocalisse parla in sostanza, a ondate allegoriche successive, della promessa veterotestamentaria, dell'attesa e della venuta storica di Cristo il Salvatore e Mediatore fra Dio e gli uomini, e delle sue morte e risurrezione salvatrici. Un accenno al giudizio finale semmai, sempre in forma simbolica e avendo presente il libro veterotestamentario di Daniele (in particolare 7, 13-14), c'è nel Vangelo di Matteo, 25, 31-46.

L'Apocalisse torna e ritorna a più riprese sul peccato adamitico – quell'archetipo del peccato che, ricordiamocelo, è pure il peccato attuale di ciascun *adamo* d'ogni tempo, unico vero male perché è un voltare le spalle a Dio e alla Vita – e la

stessa Apocalisse dice e ridice della promessa divina
dell'invio del Salvatore, dell'attesa veterotestamentaria, della
sua venuta e della sua incarnazione e morte – l'"agnello
sgozzato" – e della risurrezione di lui trionfante sul male del
peccato – l'"agnello sgozzato *che sta in piedi*". Dunque grazie
a Gesù Cristo la Cristosfera di padre Pierre può essere già qui
adesso nel singolo cuore umano; abbiamo visto che la
teologia del Teilhard si richiama a san Paolo, e tuttavia
l'Apostolo dei gentili si riferisce a Cristo qui, Salvatore fin
dalla propria morte e risurrezione, e alla sua improvvisa e
imprevedibile – come sappiamo pure dai Vangeli – Parusia
finale con la spiritualizzazione in Dio a quel punto, non a
mano a mano nel tempo, dei salvati e di tutto il creato, quel
creato ch'egli, Dio, nella Genesi aveva giudicato "buono"
prima del peccato adamitico; in altre parole, non una
rigenerazione progressiva della materia nello spirito,
evolutivamente, bensì un'apocatàstasi conclusiva, una
spiritualizzazione istantanea di tutto il creato in Dio‐l Figlio,
grazie all'avvenuto sacrificio sulla croce nella Storia, attorno
all'anno 30, dello stesso Gesù il Salvatore.

La sapienza evangelica, nondimeno, sa che ogni
adamo, maschio o femmina, sarà sempre tendenzialmente
peccatore in ogni generazione fino all'ultimo giorno
dell'umanità, perché ha in sé l'animale e cioè perché, come
afferma san Paolo, la persona è, su questa terra, un corpo
animale psichico, vale a dire un corpo comunque
appartenente fisicamente al regno animale, il cui egoismo
bestiale costituisce un difetto d'origine, da cui però, secondo
il Cristianesimo, il Figlio è venuto a liberarci; e la stessa
sapienza sa, nello stesso tempo, che ogni essere umano è
tendenzialmente santo, già oggi, già ieri, già ier l'altro: la
singola persona d'ogni generazione, sia essa cristiana o no

purché in buona fede e rivolta al bene del prossimo (san Paolo[68] e concilio ecumenico Vaticano II [69]), può raggiungere la santità; anzi, Dio agogna che ci si santifichi, come ci dice l'Apostolo dei gentili[70]; e così è già stato ed è e sarà per tanti e tanti santi, sia per quelli sugli altari come, fra i molti, l'ex fornicatore e crapulone sant'Agostino e il di già ambizioso, vacuo e perdigiorno san Francesco d'Assisi, sia per i moltissimi altri d'ogni tempo a noi ignoti: dal peccato alla santità del cuore, un percorso della singola persona con l'aiuto divino, non della specie Homo sapiens sapiens.

---

[68] "*Dio è il Salvatore di tutti gli uomini, ma soprattutto dei credenti*" (1ª lettera a Timoteo, 4,10); dunque sì in primo luogo dei credenti, ma non solo dei credenti.

[69] Di questo concilio si possono richiamare al riguardo, in particolare, le seguenti proclamazioni dei vescovi conciliari: la costituzione pastorale "Gaudium et spes", 22; la costituzione dogmatica "Lumen Gentium", 16: vi si afferma in sostanza che, grazie alla morte redentrice e alla risurrezione di Cristo avvenute per tutti, le persone giuste non cristiane sono orientate di fatto, anche se non consapevolmente, verso quella Chiesa più ampia che è nota solo a Dio, ché Gesù Cristo è il solo Mediatore Salvatore di tutti gli esseri umani d'ogni tempo; perciò può salvarsi pure chi non lo conosce o in buona fede non lo riconosce come Salvatore perché la sua figura non gli è stata spiegata bene.

[70] "[...] *Dio, nostro salvatore, il quale vuole che tutti gli uomini siano salvati e arrivino alla conoscenza della verità*" (1ª lettera a Timoteo 2, 3b4)

Capitolo 10

Una prospettiva grandiosa: la divinizzazione del singolo Homo sapiens sapiens

Per gli evoluzionisti cristiani, la plasmazione dell'Uomo nel corso del tempo tramite la legge divina dell'evoluzione si può leggere in forma simbolica nella Genesi: Adamo è modellato il sesto *giorno* dal Creatore usando la materia che Dio stesso ha creato precedentemente.

Il peccato genesiaco di Adamo maschio e femmina è l'archetipo del peccato di ogni essere umano nella Storia. Dopo il primo peccato, al momento della cacciata della coppia primigenia dall'Eden entro la sofferenza e la morte, ecco la promessa di Dio d'inviare un Salvatore che schiaccerà la testa al peccato e alla stessa morte, cioè che consentirà a quegli esseri umani che desiderino Dio di salire al suo Essere nonostante siano peccatori.

Poco o tanto ogni essere umano ha difetti, cioè secondo l'ottica cristiana pecca rispetto alle esemplari decisioni e azioni morali dell'uomo Gesù. È nell'esperienza di ciascuna persona l'intima lotta fra il desiderio d'operare scelte di bene, sapendo che è cosa giusta, e l'impulso a scegliere egoisticamente, potremmo dire bestialmente, di fare il proprio comodo pur quando è contro l'altrui bene, come nel caso dell'aggressione a un prossimo, o quand'è contro il proprio bene, come nel caso di decisioni avverse alla personale salute [71]; in ogni società predomina quella che nei suoi "Pensieri" il matematico, fisico e teologo Blaise Pascal chiamava la "seconda natura" umana; ma da un'ottica evoluzionista teista, sarebbe forse il caso di parlare di "prima natura" o di "natura bestiale originaria", ereditata dagli antenati animali. Fatto è che l'essere stati noi creati capaci di pensare e di aspirare a Dio e di volere il bene non elimina la tentazione al male che viene fisicamente dalla carne – ovvero, teologicamente, dal diavolo il quale agisce sulla debolezza della carne – perché la tentazione è condizione insopprimibile della libertà umana la quale consiste nello scegliere moralmente oppure immoralmente: senza la nostra debolezza carnale non subiremmo tentazione, ma senza tentazione non avremmo la libertà di scelta morale o no e saremmo dunque burattini di Dio senza valore: ovviamente un'ipotesi assurda per il credente, dato che secondo la Rivelazione il Dio cristiano è buono e ci è presentato nel Vangelo da Gesù, con analogia facile a intendersi, come genitore amoroso: è il Padre, non è il padrone.

Sempre secondo gli evoluzionisti cristiani, al di là dell'allegoria biblica la prima coppia del genere Homo sapiens sapiens viene al mondo in seguito alla *plasmazione* divina della materia nell'evoluzione, transitando da quella bruta inanimata ai primi bacteri del *brodo primordiale*, poi passando per vari animali sempre più complessi e quindi per

---

[71] La prevalenza delle cattive scelte su quelle buone è espressa sinteticamente dallo stesso san Paolo nella lettera ai Romani neotestamentaria in due versetti: l'Apostolo delle genti, estremizzando al massimo, pone umilmente sé stesso in primo piano, riferendosi a tutti gli uomini: "*C'è in me il desiderio del bene, ma non la capacità di attuarlo; infatti io non compio il bene che voglio, ma il male che non voglio*" (Rm 7, 18-19); "*ma*", dice anche san Paolo nella stessa lettera, "*dove abbondò il peccato, sovrabbondò la grazia*" (Rm 5, 20) in conseguenza della Redenzione, onde nonostante la bestialità originaria, grazie a Cristo l'essere umano che desideri divinizzarsi è ammesso all'Essere eterno dopo la morte.

gli ominidi, tutti non dotati di anima psiche, e saltando – senz'alcun essere intermedio – all'uomo dotato di anima fatto "a immagine e somiglianza" di Dio e, ormai nella Storia, giungendo al concepimento dell'uomo Dio Gesù Cristo il Salvatore, il punto più alto dell'umanità, il quale ha aperto la possibilità a tutti di essere divinizzati: la lettera agli Ebrei neotestamentaria dice: "*Colui che santifica e coloro che sono santificati provengono tutti da una stessa origine; per questo non si vergogna di chiamarli fratelli*"[72]; il corpo del primo Homo sapiens sapiens, di Adamo peccatore, non è diverso da quello di Gesù di Nazareth sempre vittorioso su ogni personale tentazione e Salvatore degli altri uomini: com'egli stesso dice nel quarto Vangelo, "*Io, quando sarò innalzato dalla terra, attirerò tutti a me*"[73]; e secondo la 1ª lettera di Giovanni, dopo la morte "*noi saremo simili a lui, perché lo vedremo così come egli è*"[74]; per san Paolo, "*tutte le cose sono state create per mezzo di lui e in vista di lui*"[75].

---

[72] Ebrei 2, 11

[73] Giovanni 12, 32.

[74] "*Carissimi, noi fin d'ora siamo figli di Dio, ma ciò che saremo non è stato ancora rivelato. Sappiamo però che quando egli si sarà manifestato,* **noi saremo simili a lui,** *perché lo vedremo così come egli è*" (1 Giovanni 3, 2); si usa anche dire che saremo divinizzati, ovvero che, pur mantenendo la nostra personalità, saremo divini nella seconda Persona di Dio, il Cristo eterno, grazie ai meriti di Cristo incarnato.

[75] "*Dio ci ha liberati dal potere delle tenebre e ci ha trasportati nel regno del suo amato Figlio. In lui abbiamo la redenzione, il perdono dei peccati. Egli è l'immagine del Dio invisibile, il primogenito di ogni creatura; poiché in lui sono state create tutte le cose che sono nei cieli e sulla terra, le visibili e le invisibili: troni, signorie, principati, potenze; tutte le cose sono state create per mezzo di lui e in vista di lui. Egli è prima di ogni cosa e tutte le cose sussistono in lui. Egli è il capo del corpo, cioè della chiesa; è lui il principio, il primogenito dai morti, affinché in ogni cosa abbia il primato. Poiché al Padre piacque di far abitare in lui tutta la pienezza e di riconciliare con sé tutte le cose per mezzo di*

Secondo una prospettiva terrena: un'ulteriore evoluzione della specie?

Dalla specie Homo sapiens sapiens se ne svilupperà forse un'altra?

Secondo la scienza è possibile ma non è sicuro, date le moltissime specie estintesi nel tempo fino a oggi. Qualora fosse così però, non si tratterebbe più di Adamo, ma di un altro essere e il progetto divino su quell'ipotetico nuovo vivente sarebbe un qualcosa che non riguarderebbe il genere umano. Tuttavia, se ci si pone sul piano particolare della fede cristiana, va considerato che Dio è uomo nella sua seconda Persona e non è una sorta di ultrauomo.

Secondo il Cristianesimo, Dio è uomo glorioso *spirituale* nella sua eternità senza principio e assume la materia incarnandosi nella Storia e divenendo, come noi, un Homo sapiens sapiens, cioè un *corpo umano psichico* secondo la 1ª lettera ai Corinzi paolina, poi con la sua morte e risurrezione attira al suo trascendente eterno ogni essere umano che lo desideri il quale è trasformato, grazie a lui, da corpo umano materiale psichico in corpo umano – ovvero persona – glorioso spirituale come quello del

lui, avendo fatto la pace mediante il sangue della sua croce; per mezzo di lui, dico, tanto le cose che sono sulla terra, quanto quelle che sono nei cieli. E voi, che un tempo eravate estranei e nemici a causa dei vostri pensieri e delle vostre opere malvagie, ora Dio vi ha riconciliati nel corpo della carne di lui, per mezzo della sua morte, per farvi comparire davanti a sé santi, senza difetto e irreprensibili, se appunto perseverate nella fede, fondati e saldi e senza lasciarvi smuovere dalla speranza del Vangelo che avete ascoltato, il quale è stato predicato a ogni creatura sotto il cielo e di cui io, Paolo, sono diventato servitore" (Colossesi, 1, 1323).

Cristo eterno[76].

Ne deriva che il fedele è portato a pensare che la specie umana non si evolverà più, ma semplicemente si estinguerà come tantissime altre: la biblica fine del mondo sarà non tanto la fine del cosmo, che potrà ancora durare per miliardi di anni, ma quella del genere umano.

Secondo una grandiosa prospettiva trascendente: l'evoluzione del singolo cuore

Per la fede, la prospettiva di ciascun essere umano è gloriosa. Essendo la Redenzione completamente compiuta con la risurrezione cristica, a ogni persona resta di scegliere se salvarsi in Dio alla propria morte, *evolvendo* in meglio la propria spiritualità, oppure, in odio a Dio e agli altri esseri umani, scegliere il   *non Dio*, cioè il nulla, preferire materialisticamente la propria dannazione, il finire nella morte eterna come un lombrico o una formica, il tornare per sempre a quel nulla da cui ciascuno di noi è stato tratto dal Creatore[77].

---

[76] Cfr. "È Uomo", cit. disponibile gratuitamente in ebook pdf al seguente indirizzo: http://www.lulu.com/shop/guidopagliarino/%C3%83%C2%A8-uomosaggioedizioneeconomica/ebook/product-17554412.html

[77] Ciò, ovviamente, se si tralasci la visione dell'inferno vissuto eternamente in Dio secondo il platonismo cristiano (dalla fine del II secolo, non prima) e se si resti sul Nuovo testamento, che promana dalla classica predicazione della Chiesa delle origini per la quale il peccatore impenitente, il dannato, semplicemente non risorgeva. Si consideri che è di fede che *nulla* esiste al di fuori di Dio per cui un inferno vissuto non potrebbe essere (sic) che in Dio, il *Sommo Bene senza alcun male*. Per approfondire si può vedere, dello stesso

autore, l'e-book "Diavolo e demòni (un approccio storico), saggio", scaricabile da Amazon alla pagina http://www.amazon.it/Diavolo-dem%C3%B2ni-approccio-Guido-Pagliarino-ebook/dp/B00Q92T2DE/ref=sr_1_2?s=digital-text&ie=UTF8&qid=1433409615&sr=1-2

Altre opere recenti di Guido Pagliarino, di vario genere, in formato ebook e/o cartaceo:

a) Opere di saggistica:

Spirito, Anima, Persona dall'antichità greca ed ebraica al mondo cristiano contemporaneo

Diavolo e demoni (un approccio storico), saggio

La Trasformazione, saggio sull'eterno corpo glorioso spirituale e sul nulla eterno infernale

La volontà di coscienza, saggio storico sociale (nuova stesura riveduta e ampliata)

Sindòn la misteriosa Sindone di Torino, saggio

Il Vento dell'Amore, un approccio storico alla progressiva Rivelazione di DioAmore nel Primo Testamento, saggio

Il Dio scandaloso, saggio

Gesù, nato nel 6 a.C. Crocifisso nel 30, un approccio storico, saggio

b) Opere di narrativa:

Il giudice e le streghe (Un'indagine del '500), romanzo storico

Svolte nel tempo, romanzo di fantascienza in due parti

Prossimamente (forse), racconti fantastici

Il Mostro a Tre Braccia (già D'Aiazzo e gli stupidi) -racconto lungo

I Satanassi di Torino (già D'Aiazzo e i satanassi) -racconto lungo

Il Metro dell'Amore Tossico (Il Poeta e il committente), romanzo

Vittorio il barbuto (già Il Poeta e D'Aiazzo il vedovo), racconto lungo

Il Terrore Privato, il Terrore Politico, romanzo

Il ventottesimo Libro, una storia prima del Nuovo Testamento, saggio romanzato

Qualcosa su Guido Pagliarino:

L'autore è laureato all'Università di Torino, laurea magistrale in Economia e Commercio secondo il precedente ordinamento quadriennale, tesi di ricerca storicoeconomica pubblicata a cura dell'Istituto di Storia Economica e Sociale nella rivista "Economia e Storia", a. XXI (1974), n. 4, pp. 475510, Giuffré editore, Bologna. Di particolare interesse durante i suoi studi erano state la medesima disciplina e la Storia delle dottrine economiche e sociali, sotto le guide dei compianti professori Carlo Cipolla e Mario Abrate. Negli anni, insieme ad altri interessi culturali, è continuato quello storico e Guido Pagliarino ha pubblicato diversi saggi su pensiero e storia giudeocristiani; è autore anche di romanzi, racconti e versi.

Per la sua opera edita fin al 1996, nel 1997 gli è stato assegnato il "Premio della Cultura della Presidenza del Consiglio dei Ministri".

Se si desidera leggere una dettagliata biobibliografia e trovare rimandi a recensioni su opere di Guido Pagliarino, si veda la seguente pagina nel sito dell'autore:

http://www.pagliarino.com/biografia.htm

Contatti con l'autore:

Sito: http://www.pagliarino.com

Mailto: guido.pagliarino@email.it

Facebook: https://www.facebook.com/guido.pagliarino

Twitter: https://twitter.com/GuidoPagliarino

Linkedin: https://www.linkedin.com/in/guidopagliarinoa2808b8a

Google: https://plus.google.com/u/0/+GuidoPagliarino/posts